遠距成交女王銷售勝經

打破框架、不停成交的
線上線下實戰攻略

黃明楓——著

推薦序一

從客戶家門到心門，創造獨特的競爭力

范文偉 南山人壽代總經理
二〇二二年八月五日

黃明楓女士於二〇〇七年加入南山人壽服務，二〇一四年與先生鄭博元創立順橙通訊處。我過去曾多次參與順橙通訊處舉辦的活動，在客戶眼中，明楓不只是個打拚不懈的保險業務員，更是一位在客戶身邊提供溫暖守護的「家人」，被視為最可靠的壽險顧問。由於明楓有溫度的經營風格贏得客戶支持，再購與轉介紹業績源源不絕，業務競賽更是連年率先達標。

明楓具高度專業行銷能力，她是南山高資頂尖會的成員（南山前一%業務員），並擔任該會之首席講師，在南山，很多業務夥伴都視明楓為「偶像」。關於組織發展、訓練輔導，明楓也有獨特的思維與做法，她個人研發的「增員與選才」課程，於二〇二〇年被公司所採用，成為南山人壽每位業務員委任升級業務主管後，第一年內必修的課程。

然而，最讓我敬佩的是，明楓精進專業、並進一步無私分享。明楓是中央大學產業經濟研究所碩士，在加入南山後她仍持續學習，並於二〇二〇年取得AFP理財規畫顧問證照、二〇二一年取得CFP國際認證高級理財規畫顧問證照；疫情之前，明楓奔波全台各地，傳授客戶經營、商品行銷及領導管理等專業知識，獲頒南山「五星榮譽講師」表揚。與此同時，她也擔任MDRT會員交流委員會台灣分會主席（二〇二〇／七~二〇二二／六），在南山與同業演講授課，激勵台灣保險業界有志MDRT的人士。

受新冠肺炎疫情影響，保險業加速轉型腳步。南山人壽推動業務賦能、引領業務員數位轉型，期能透過數位科技，建構從保單銷售到客戶服務，一條龍式的數位保險體驗，以提升業務員的客戶經營效率與業務競爭力。善用數位平台、翻轉業務力，相信各行各業的業務人員，都能透過明楓十五年行銷致勝心法《遠距成交女王銷售勝經》這本書，獲得啟發。

事實上，明楓不僅是位行銷高手，她和博元也經常率領順橙通訊處的夥伴們，以公益行動回饋社會。例如，疫情期間社福機構捐款下降，她帶領順橙夥伴親送物資及善款到老人之家與育幼院等，並親手打掃、粉刷、修繕育幼院房屋；此外，公司舉辦的淨灘、捐血活動，順橙也在第一時間響應，充分落實南山的公益服務精神，展現南山獨特的公益文化。

從愛出發、從心出發，輔以數位科技提升業務力，創造每一位業務員與客戶之間善的循環，擴大保險安定社會的正向力量，台灣也會更美好！

推薦序二

保險業在變，有溫度的服務不變

賴昱誠 南山人壽副總經理
二〇二二年七月三十一日

疫情改變了大眾的生活方式，更對業務人員面對面拜訪客戶的作業模式造成一定的衝擊，進而促使無視距離、零接觸，透過視訊及錄音錄影即可完成購買保險的「遠距投保」，提前在市場上實行發展。事實上，疫情全球蔓延前，保險業的數位浪潮早已在亞洲各地興起，面對數位化時代的來臨，包括保險業務在內的所有業務員，都必須先學會網路行銷，讓自己除了熟悉專業知識、業務銷售技巧外，還要能夠具備O2O線上與線下全通路的整合行銷能力，未來才能在市場上占有一席之地。

面對數位浪潮，未來機器人或數位平台將可以讓客戶自主處理契約變更、保險理賠等事項，人工智慧絕對可以發揮工作中的眾多「功能」而且便捷。但人類所創造出的「價值」、人際互動散發的「溫暖」，是不可能被取代的。保險業務員透過長期了解、關懷、站在客戶的立場思考，細膩有溫度的服務，就是戰勝人工智慧（ＡＩ）的職場方程式。

南山人壽長期以來培養了不少保險專業人才，也孕育不少成功人士，他們的成功都為年輕人創業的表率，更可貴的是，他們都樂於跟社會大眾分享他們的成功經驗。

我認識的黃明楓是一位陽光、充滿熱情、正能量的人，與她相處總能感受她這種平凡卻又與眾不同的溫暖特質。明楓從事保險事業多年，熱愛學習，隨時代的演進不斷精進吸取新知運用於服務客戶與提攜後進。不僅在人身保險有很好的實務經驗，對於Ｏ２Ｏ線上與線下全通路的整合行銷有獨到方式，本書是她專業與實務經驗重要精華的分享。

建議您：閱讀這本書的時候，請聆聽自己的心聲，將書中介紹的理念、方法、技巧與自己的經驗做比較。反覆運用書中所介紹的創意、策略和方法。只要信心堅定，您也可以成為青出於藍而勝於藍的行銷高手，建立屬於自己獨一無二的品牌。

期待所有希望自己在職涯生命中發光發熱的人，都能從書中得到克服困難的啟發，勇敢的向前邁進！

推薦序三

我所認識的明楓

賴一青 雄獅旅行社企業服務處總經理
二〇二二年八月十一日

一個工作契機認識了明楓。

每每看到她從公司競賽中脫穎而出，或站上頒獎典禮的榮耀舞台，既羨慕也佩服她的能量及毅力。

這兩年保險產業受疫情影響非常大，無法拜訪客戶、無法近距離接觸客戶、無法確切掌握客戶需求來提供商品，要如何突破困境找出新的營運模式，讓營收不間斷、績效有進展、穩定組織人力，在在都是巨大的考驗。

明楓向來熱愛學習，疫情間彼此的加油打氣，分享產業資訊及消費者模式的轉變，讓我受益良多，也感受到她的韌性及能量，不但沒被疫情擊垮，反而有更多元、更寬廣的發展及斬獲。

雖然相處時間不長，但我打從心底喜歡明楓。永遠笑臉迎人，待人真誠，靜靜地傾聽，如朋友般親切自在地互動、分享及適切地提供建議及交流，人生充滿正能量，就是明楓給我的感覺。

這兩個月聽到明楓要出書，當下的反應：天啊！她哪來的時間？忙著準備教材、邀約活動與演講不斷、管理公司大小事、頻繁出差還得顧及家庭，身兼數職的她也太超人了吧！同樣是職業婦女的我，對時間的管理及分配，除了敬佩還是敬佩！

恭喜明楓，

人生永遠在挑戰自己，

熱愛工作、投入工作之餘，

還願意無私地分享所有經驗，

除了明楓，還有誰能！

祝福妳。

各方推薦

「科技始終來自於人性」是句知名的廣告詞，本書可說是「保險行銷始終來自於人性」的最佳例證。本書作者現身說法如何以愛及關懷為本、以科技應用為方法、以方法與效率為依歸，塑造出新時代的商業成功模式殊值參考；更有甚者，其不但是數位時代許多種不同商業行銷的「勝經」，更可做為商學院的成功教材，尤值大力推薦。

——**單驥**，國立中央大學終身榮譽教授、台灣亞太產業分析專業協進會（APIAA）院士

疫情重創服務業，保險銷售女王黃明楓業績卻能增長一倍，為什麼？答案只有簡單四個字：「遠距成交」！但是，要怎麼做？不靠人際接觸，單靠FB空戰、Line群組互動，就能促進成交。這中間哪些觀念要調整？哪些操作手法要注意，難得明楓願意大方分享，大家千萬不要錯過！

——**朱紀中**，商周集團總經理

目錄

第3章

實戰篇——管理客戶端

第4章

實戰篇——經營客戶端

第5章

第1章

頂尖業務的成功特質

不變定律＝品牌大於產品

我的第一份工作是在一家知名跨國公司當品牌企畫，起薪六萬元對職場新鮮人來說，就像夢一般。這家公司大大的U字商標看來大氣又時尚，旗下代理產品從食品、飲料、清潔到個人護理等多達三、四十種。一般人或許對這家公司名稱不甚熟悉，但只要聽到那些耳熟能詳的廣告台詞，相信很多人馬上就能想起是哪些商品：

柔柔亮亮、閃亮動人，散發好萊塢巨星風采。

多了四分之一乳霜，更滋潤。

開水煮五分鐘，打個蛋花，康寶濃湯濃得好。

進去不到三個月，我便遇到公司年度策畫彙報，地點辦在陽明山天籟會館，大批人馬倘佯在安靜美麗的山中，邊上課邊做腦力激盪。還記得彙報的第一堂課，就是訂定五年後每項商品的定位，及主要的目標受眾（Target Audience，簡稱ＴＡ）。

看著公司諸多品牌的洗髮精，其中七成原物料都相同，僅在顏色和香味上有差異，我們還是必須清楚區隔每一個產品的定位，營造讓人印象深刻的意象來觸及商品目標使用者，促使他們購買。消費者則是透過使用後的感受，一再回購，慢慢成為商品的忠誠粉絲，這整個過程就是經營「品牌」能夠達成的效果。

工作一年半後，我因家族事業不得不離職回老家幫忙，而外商公司打造「品牌」的觀念與訓練，也一併被我打包回老家，隨著挽救家族生意以持續驗證與實踐。

品牌力愈強，訂價力愈高

當初回家幫忙多少有點心不甘情不願，一位北部外商賣高檔洗髮精、個人芳香清潔護理商品、都會感的上班小資女，一下變為南部鄉下賣香菇、干貝、魷魚南北雜貨的帳管，就像從公主變成灰姑娘。由於我是家中長女，下面還有正在念書的弟妹，看來看去這一輩幫得上忙的只有我。

原先想管帳應該很輕鬆，不過發現家族公司年營業額達六千萬仍欠缺現金流，我頓時心生不妙。於是我做的第一件事，是清算自家公司的資產負債，得到的結果是一個月五百多萬營業額中，只賺二十五萬元的毛利，拿來付人事、管銷、稅務、房貸……根本不夠，更別提還有貨底品、庫存及呆品的問題。如果不能提高營業額，就算一個月賺到五十萬毛利仍然虧損。仔細理帳後我發現幾個問題：

①借貸利息太高，吃掉大半辛苦賺來的微薄利潤。

②上游貨品價格浮動，導致下游早市通路難訂價格。例如乾香菇上游價格從原本一斤一百元掉到八十元，下游市場一得到消息，客戶就會要求你以八十元價格賣出，但你手上尚有一百元成本進貨的商品要怎麼辦？出售就賠錢，但不出售還能拿到哪裡銷貨？真是進退維谷。

③其中原因在於客戶量不夠多，而且客戶多是早市、晚市及傳統柑仔店，吃貨能力差、對商品價格變動又敏感。

我心想，公司經營方針不改變，管帳也沒用。改變之一，先將民間借貸更換成向銀行借貸。很多人聽到銀行給我們的八%年利率很嚇人，但跟當時更嚇人的民間利息動輒一二%或三六%的年利率比起來，已是最好方法。況且以我家當時情況，還無法從同一家銀行貸到全部貸款，必須一家家洽談，分好幾家銀行借貸。

再來是增加營業額。如果採調高毛利率，顧客極可能轉身尋求其他低價賣家而流失。考量現有狀況不變，唯一辦法只有增加客戶量。我媽媽主跑早市、晚市及柑仔店的通路已忙到分身乏術，眼看這樣下去不行，我只能自己跳下來跑業務！

我回家做的第二件事，是打造自家「品牌」，業務目標是進攻「生鮮超市」，尤其是南部布點多、市占率高的連鎖「生鮮超市」（吃貨能力大）。

生鮮超市的另一個優點，就算上游貨品價格出現變動，仍然可以依照合約價格出售。因為生鮮超市賣點不是低價，而是「便利」及「一站式購足」的服務。但生鮮超商的供貨廠商非常多且競爭，同樣商品你的報價若沒有比別家低便打不進去。經多方觀察，我發現生鮮超商沒有南北貨經銷商，店內的蝦米、魷魚、乾香菇是他們自行向中間商採購，這給了我們可以直接服務生鮮超市的機會，也使我們立於沒有競爭對手的狀況。而且來此購物的消費者一定有南北乾貨需求，有需求就有市場。

再來，我發現知名品牌冬粉當時尚未進入高雄超市，原因是售價過高，大高雄生鮮超市普遍採低價策略，少有人願意嘗試進貨販售。為此，我特地聯絡該品牌接洽：「高雄沒有你們家的冬粉，你們有沒有意願在高雄鋪貨？可以給我們機會試試看嗎？」

結果遭到對方打槍，面對僅有一百個經銷客戶的公司，實在引不起對方興趣。當你「很小」的時候，沒有廠商會看得上你。擁有多少客戶（通路），是廠商決定要不要跟你合作的關鍵。這讓我思考除了擴大客群，也必須把品牌做大。

拿不下知名品牌，我們就請人代工製作自有品牌的麵條、米粉、冬粉、意麵。為什麼要做自有品牌？假設一包麵條售價十元，便可獲利五〇％。至於做自有品牌，是不想淪為低價位的代工模式，不斷追求「量」的提升，一但量上不去，也賺不到研發新產品及培養人才的利潤，跟「品牌」動輒五、六成的利潤比起來，代工及代銷的春天很難預期。這就是經營品牌的重要性。

經銷加上自有品牌讓公司從年營業額六千萬，一年之後來到了一億，第二年更做到二億。營業額成長也改善毛利率，同時伴隨一些意外驚喜。

人設是業務員的「品牌」

一天家裡附近的老牌大銀行經理突然主動上門：「我看你們這兩年貨運換了新車，每天進進出出忙得不得了，生意做得很好嘛。你們有沒有貸款需求呢？」

交談之下，對方了解我們跟幾家銀行往來狀況：總共負債一千四百萬，年息八%。銀行經理思考後說：「這樣好了，你們願不願意把所有貸款全部轉到我們這裡？我給你們一千四百萬的額度，利息可以降到我們銀行給的最低利率。」

天啊！這麼好的事情哪裡有拒絕的道理。但驚喜還沒完。當我們的客戶從一百家增加到三百家時，我接到了知名冬粉廠商主動打來的電話：「我那天去幾個高雄和南部的連鎖超市問他們哪家廠商服務好，他們都跟我推薦『神周』，你們願意銷售我家產品嗎？」

我很驚訝地想問對方還記得我嗎？那個曾遭到你們拒絕的商家？但終究沒有開口，對方主動上門就是對我們的肯定。生鮮超市的推薦也讓我們知道，「神周」的品牌已經在他們心中占了一席之地。

談及品牌，很多人馬上聯想到其相關商品，例如談及蘋果公司，大家就會想到他們的手機、筆電等商品，這是品牌的好處。品牌的意義與價值遠遠超過商品。台灣代工在世界各地有口皆碑，任何商品都難不倒台灣製造商，但對製造業來說，商品好做，品牌難做。

想要事業走得且長可久，非經營品牌不可。那麼保險業的品牌是什麼，是保險公司？還是保險商品？都不是。保險業的品牌正是業務員自己。媽媽跟女兒買保險，在於女兒，而非女兒在哪家公司。

市面上的保險商品那麼多，又受相關金融法規管理，商品差異不大。全台灣十萬多保險業者幾乎站在相同起跑點上，業績好與壞，品牌經營成敗與否是關鍵。

舉個例子，ＭＺ世代自主消費意識高漲，於是很多保險公司為他們設立了線上投保平台。但其實鮮少有人利用該平台投保長年期的保單或是高額醫療險，因為大家都知道，漫長的保單旅程中，能為他們解決需求、提供即時協助及諮詢的，只有業務員了。所以線上投保大多收到旅遊險、車險等簡單、時效短、剛性需求的保單。

傳統業務員是靠著一通又一通的電話爭取與客戶見面的機會，在一次次見面中博得客戶信任和好感而促成交易，再藉著理賠時的快速、專業讓客戶身心滿意，增加下一次購買意願，慢慢培養出死忠的客人。社群平台興起後，業務員又多了一項打造品牌的工具，讓沒真正見過面的客戶，可以先從社群平台上「看到你、認得你」來消除陌生感。

業務員的品牌正是透過上述歷程，在客人腦中留下「你是誰」的印記，拿流行語來說就是「人設」。人設是一種自我經營的品牌，只要經營成功，每個人都如同普普藝術大師安迪沃荷（Andy Warhol）所說，有十五分鐘的成名機會、甚至遠遠不止。

不管傳統或線上經營，目的都是讓消費者看得到、感受得到業務員提供的專業資訊與服務，他們才會跟你（品牌）買商品。所以業務員必須認真、誠實對待自己，你的一舉一動，由內到外呈現出來的專業及人格特質，將會影響自己與許多人的未來。

聽起來好像很難做到，先不用擔心，我將在後面四個章節陸續說明，從業務力過渡到品牌力，搭配全通路的經營技巧，按表操課，就能打造自我品牌並經營得有聲有色。以下是從業務力到品牌力你必須先有的認知：

• 源源不絕的「準客戶」，才是保險事業成功的關鍵

✓ 七〇%的業務員會陣亡是因為沒有準客戶。準客戶名單是業務員的起點，如果你一直無法有穩定的準客戶，第三章會教你如何收集名單。

✓ 客戶數是保險事業可長可久的關鍵（客戶＝市占率）。口碑是品牌的一部分，先把餅做大，才有機會讓品牌力發酵。

✓ 經營客戶不能隨性，必須定時定量。市面上成功的品牌，對於自身

定位始終如一，經營人設也應如此，基本要件必須定時（每週幾次？）、定點（哪些平台？）、定量（一次花多長時間、分享內容是什麼？）與客戶互動，客戶才會記得你是誰。（參考第二章線上經營方式）

- **先有鐵粉（再購率）才能完整建構品牌力**

✓ 客戶不斷再購的關鍵：隨著客戶人生不同階段，協助其複習保單內容。以全險概念出發，不斷提醒客戶保單的內容，以及釐清現階段的需求，讓客戶持續回購。

✓ 客戶延伸客戶的關鍵：覺得理賠或是服務超乎期待。理賠服務是無形保險商品的有形表現，靠著積極的服務與提供價值讓客戶覺得跟你做生意物超所值。（參考第三章聚焦互動方法）。

先知道你賣什麼商品

從二十五歲時不得不扛下千萬債務成為公司的負責人，到家族企業逐漸擺脫危機，營業額與財務狀況慢慢成長健全時，我開始思考人生的下一步到底往哪裡走。

踏入保險業的契機

說來有趣，我離開家族公司投入保險業的原因，竟然是看到男友（現在是丈夫）的薪資單。

我們是大學同班同學，從學生時期開始交往。畢業後我進入外商公司，男友則進入保險公司當業務員。那時不管多晚下班，回家後我打電話給男友，他永遠在家裡。他一派輕鬆自在的模樣，讓我以為他業績不好，收入應該「很可憐」吧。

回高雄老家工作那段時間，我們開始遠距交往，男友每週五都會南下高雄找我，待到星期一才離開。工作時間那麼短更讓我擔心，他是否賺夠錢養活自己？直到有一天，在銀行工作的學妹希望我幫她辦一張信用卡，我答應了。學妹同時提出：「那麼學長（男友）也辦一張好嗎？」男友想都不想就回：「好。」

辦信用卡必須提交薪資單，我向男友索取他的薪資證明，當傳真紙傳來他的收入時，我非常期待地站在傳真機旁，不看還好，一看嚇一跳，這男人薪水居然達到七、八萬元，最多時還高達十幾萬元，比家裡每月付給我的薪水還要多，這個衝擊讓我開始對保險業產生興趣和好奇。

其實薪水只是一個契機，我真正思考的是「人生」。行業的型態，決定我們生活的型態。在現在的產業裡，永遠沒辦法掌控自己的時間，每當週末員工放假、客戶有緊急需求時，也只能自己親自送貨。幾年下來，生活與工作難以切分，讓我更嚮往可以隨我掌控的人生。

於是二〇〇七年我踏入保險業，這一年經營出七百八十萬的業績，從業務員升級主任。

由「愛」而生的信任才會長久

看似順遂的工作，沒想到隔年遭遇全球金融海嘯，諸多行業受到波及，包括我。二〇〇八年我的業績掉到剩下三分之一，這時面臨不是回家工作，就是待下來繼續拚的抉擇。我想再給自己一年的時間去挑戰自己的可能性，因此多方考慮後我選擇了後者。

既然想堅持下去，就必須找到度過危機的方法，於是我決定開始經營公司的「孤兒保單」客戶。保單孤兒是那些買過公司保險的人，但由於原業務員疏於經營或是已經退休，使得沒有主力業務員服務他們。當初會有這想法，我的考量是客戶既然買過公司保險，代表認同公司或商品，不須花時間建立他們的保險思維與公司形象，只要我努力獲得認同，後續便有成交機會。

這個決定讓我安然度過業績難關，更啟發了我日後打造溫度成交法的雛形。實際接觸保單孤兒後我發現，這些保戶還有在繼續繳費，代表他們保險觀念好，或是還想維持保障，只是不太信任業務員。對業務員來說，唯有不斷地經營，才有機會提高彼此的溫度。

過程中我一再思考，如何增加雙方的信任感，而這個問題其實應該退回原點問：保險賣的是什麼？如果生鮮超市賣的是服務，那我想保險賣的是應該是「愛」。一個沒有愛、沒有責任的人，是不會考慮買保險的。

保險業賣的是「無形商品」，而這個無形商品從愛出發，牽連人的一生，舉凡行車上路、醫療保障、財務規畫、退休長照到財富傳承，生老病死的過程無不跟保險息息相關：

①要保人，是付出「愛」的人，被保人，是享受「愛」的人；

②受益人，則是承接「愛」的人；

③而我們每一位業務員則是見證「愛」的人。

有一位認識很久的客戶想規畫一份保險，相對於客戶的能力，他只願意拿一點點的預算出來。儘管彼此有一定的信任度和了解，我還是先花時間和他聊聊天，釐清他買保險的想法。

聊天過程中保單需求慢慢浮現，我清楚確定他的想法：他擔憂哪些事情？買保險的主要目的是什麼？透過一步步告知對方沒有看到的盲點，同時給予更明確的保險觀念，逐漸讓他明白真正能夠解決「傳承問題」的做法，最後客戶從原本規畫一百萬的預算，增加到二千萬。

如果業務員一開始沒有讓客戶覺得我們是設身處地為他著想，理解這份保單背後愛的動機，是無法一下增加二、三倍的保險金額，更可能一直找不到成交契機。表面上我們能做的，是幫他分攤財務風險，讓金錢有效被後輩利用而避免被人瓜分。但其實我們是利用保險這項工具，幫他安心守住了「愛」，把錢留給真正想要給的人。

客戶之所以信任你，在於他相信你的規畫，冰冷的保單無法產生信任，唯有站在客戶的角度，從他的視角出發，他才會信任你。如果沒有信任的基礎，後面的經營客戶和銷售技巧都是白費的。

當客戶小到車險、家中聘僱外傭尋求介紹，大到公司所有保險和換匯時機點都「依賴」你時，你就不再只是單純的業務員，而是成為客戶強而有力的「資產」了。

有成交才是進入忠誠迴路的開始

許多人都會抱怨，業務員在保單成交之前認真熱情，成交之後消失無蹤，直到下一次要賣保險時才會再出現。這種情感溫度急劇降溫的感覺，不但會讓之前累積的信任感瓦解，甚至給對方「現實」的感覺。

圖1-1 客戶購買旅程：忠誠迴路模型

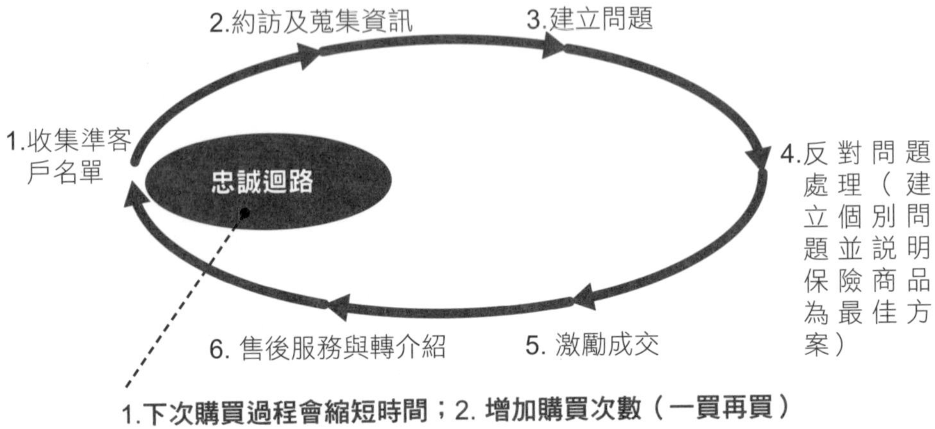

身為業務員我完全理解，業務員每天有開發新客戶的業績壓力，還有理賠服務的工作要處理，那些已經成交、目前沒有需求的客戶，在優先順序處理之下，只能暫且後擺。但是這會讓客戶逐漸遺忘你是他的業務員，無法累積彼此的信任感。

試想，朋友十年沒見也會生疏，就算是曾經相愛的兩人，經過多年相敬如「冰」，終會分道揚鑣。如果情境套用在業務員身上，客戶可能連他還在不在這個行業都不清楚，甚至連名字都叫不出來了。

成交之後反而是服務的開始，若能做到一直維繫著與客戶之間的良好關係，彼此的忠誠迴路（the loyalty loop）便能一直存在，讓客戶想買保險時就會想到你。

銷售流程的順序是收集準客戶名單→約訪及蒐集資訊→建立問題→反對問題處理→激勵成交→售後服務與轉介紹（第二章會說明成交六步驟）。這過程只要完成一次，代表已取得客戶的信任。如果在蒐集資訊的過程中蒐集到愈多痛點、需求及客戶的人生規畫，就可以加速下一次成交的速度。之後除了自己買，也會轉介紹身邊的親朋好一起購買。最終，這位客戶就會變成你的鐵粉，只會支持你這個品牌（圖1-1）。

針對第一次購買保單過程，有三點建議提供業務員時時牢記於心，讓忠誠度發揮一〇〇%效果：

①**蒐集資訊比提供商品更重要**。面對好不容易願意和你見面喝咖啡的客戶，一定要先蒐集他們的生活、工作、興趣、理財觀或價值觀，知道他們在乎哪些人、哪些事，這樣談到商品階段，才能找到成交的關鍵原因，進而不斷攪動（**攪動就是煽動情緒與動機**）。有些業務員搞不清楚狀況，沒等到客戶開口詢問就先講商品，想當然最後很大機率會被拒絕。

②**先把「售前服務」做好做滿**。聊商品前必須讓客戶感受你為人認真、對訊息掌控快速、辦事有效率又牢靠，然後慢慢向你打開心房產生信任感，當他們信任你

時，什麼事情都好談了。

③ **一次成交之後好好保溫**。一旦產生忠誠迴路，客人再購保險的意願會變得更強也變快。成交後持續與客戶互動，跟客戶保持三〇到六〇℃的溫度，等到下一次銷售時只要稍微加溫，比起從〇℃開始加溫更容易達到成交沸點。（參考第二章一〇〇℃成交法）

第2章

線上工具的用途與經營方式

疫情下線上經驗成為業務主攻

提高效率而採線上經營

我真正從傳統經營轉入線上經營的契機，不是在二〇二一年突升三級的疫情，而是來自人生轉變時出現的時間危機。我在轉入保險業兩年多後結婚，隔年第一個孩子出生，兩年後第二個孩子出生，就在同年我和先生也成立了通訊處。

短短五年內，我多了很多身分，唯一不變的，是每個人每天只有二十四小時，分身乏術是許多職業婦女共有的苦惱，取捨之間也常左右為難。

再加上成立通訊處後，經營團隊也壓縮了做業務的時間，擺在我眼前的困境必須先解決：以往我可以每天見客戶，成立通訊處後一星期只擠得出兩天。如果時間安排無法更動、業績又不能掉，解決方法只有提高工作「效率」了。那是我第一次意識到必須改變經營策略，於是我嘗試微調實體和線上經營客戶的時間分配。

規章制度大翻篇

保險業務員管理規則第十五條「親晤親簽」的法令規定，是保險業無法完全「線上經營」的坎。這個規則清楚界定了業務員與要保人及被保險人之間的關係，不管彼此信任度多高，哪怕客戶再沒有時間，業務員都必須排除萬難跟客戶「見上一面」。礙於這個規則，線上經營最多只能做到「遞建議書」的階段。從建議書到簽約的過程就必須「遵照規定」見上一面。但這條規定在二〇二一年五月台灣疫情突升至三級警戒中遭到考驗。

我清楚記得，當疫情宣布升三級，通訊處原本排定好的晨會、活動，甚至連我即將簽訂一筆高達三百萬的保單通通被迫取消。三級警戒第一週，通訊處一片寂靜，業績連四天掛零。對照二〇二〇年創下新台幣三億多的成績，這是通訊處成立以來前所未有的慘況。

然而就在疫情升三級的十天之後，金管會一道公文下來，同意業務員可暫時利用線上錄影錄音方式，讓客戶填寫保單、簽名，取代「親晤親簽」來成交。政策改變打開了掐住保險業的緊箍咒，造就保險跨時代的轉變。

以前業務員礙於時間、成本和交通考量，忍痛放棄遠在天邊的客戶，在線上親晤親簽之下，終於可以一一拾掇回來。疫情下業務員出不了門、無法見客戶，但如果轉為線上經營，零接觸也可以跟客戶持續互動。

重新定義生產力公式：加入線上工具

在疫情紛擾下，我想起曾是百萬圓桌（Million Dollar Round Table，簡稱MDRT，是保險理財專業人士的最高組織）最年輕終身會員的杜拜保險王子桑傑（Dr. Sanjay R. Tolani）。他提過自己是一位傳統型的財務顧問，以往成交率近一〇〇%，卻因疫情一整年沒出門，成交率下降了五〇%。不過，在轉變工作方式在家辦公後，他開始增強三倍的活動量，使得總生產力仍然不變、甚至提升。藉此，我們來重新審視一下「生產力公式」：

- **名單×活動率（活動量）×成交率（件數）＝業績（生產力）**

＊提高等式上方任一個數值，等式下方的業績都會成長

疫情期間無法實體見面導致成交件數下降，以及因大環境的不確定性讓客戶降低預計投保金額，為了維持原本的業績，必須考慮如何提升三大成交關鍵：

關鍵思考1：如何提高活動率

用農耕經營取代捕獵經營。傳統經營方式會先鎖定一個目標然後集中火力攻擊，如同捕獵一般，成交的金額比較高。至於線上經營倒像是農耕，以廣撒種子呵護培養，再慢慢小額收成並提高再購率。業務員經營時的差異如下：

- 因為沒有面對面交流，而是透過線上約訪來說明商品，成交的速度會變得慢。
- 傳統業務員原本習慣鎖定一個客戶，直到最終成交或被拒絕之後，才再鎖定下一個客戶，這種捕獵式的經營習慣必須轉變成像農夫播種（客戶）廣耕一樣，同時經營很多個客戶。

✓用Line可以轉傳訊息給無限數量的客戶。

✓經營的對象和人數比較多，所以有回覆和持續發酵的機率就會提高。

✓節慶的問候、防疫小物的分享都可以成為互動。

• 透過定時定量的聯絡和互動，同一個時間完成多個推銷流程，讓自己成交的件數大大提高。
• 用這種方式，在業務員不能與客戶見面的情況下，依然可以大大地提高我們在客戶心中的「心占率」。
• 「捕獵式」的方式可以成交的金額比較高，而「農耕式」以成交為目的，透過後續慢慢地服務來提高再購率。

關鍵思考2：如何提高成交率

主動出擊，改變成交策略。見面溝通與線上溝通需要掌握的技巧不同，因此推銷方式必須調整成：

• 面對面可以溝通複雜的商品或全套保險提案，包山包海一起談。
• 線上溝通礙於業務員的寫作與表達能力、客戶對文字的閱讀能力、商品的理解能力，無法溝通太複雜的問題。
• 改變餵食方式，將銷售拆解成甲、乙、丙、丁多層次銷售。殊途同歸都可以協助客戶規畫到完整方案。（第四章會說明推銷技巧差異）

關鍵思考3：如何增加名單

從弱連結到強連結，再從強連結轉化成客戶名單。前面提到要經營品牌與人設，只要善用線上工具就有機會將路人粉變成鐵粉，最終成為你的保單客戶。

- 用傳統方式經營客戶來銷售無形商品，看重的是人脈經營。
- 合併線上經營＋遠距成交，打破生活圈和地理侷限。

以保險「**一〇：五：三：一成交比例原則**」來計算（圖2-1），十個人中有五個人願意見面，五個人裡有三個人可以推進到遞建議書，最後成交一人。線上經營的缺點在於，從最初接觸客戶到成交的時間比傳統多上二、三倍，但換個角度思考，傳統做法需要體力，經營一百個準客戶勞心又勞力，透過網路可以免去東奔西跑的體力活，一次同時觸及一千位準客戶也不是問題，對照「**生產力公式**」，只要驅動方法增加，你的名單、活動率、成交率皆有可能翻倍提高。

算下來，傳統經營一百位準客戶，可能成交十人，若線上經營同時觸及一千位，即使成交率下降一半，成交人數仍可達五十人，效率明顯提升了，若是品牌經營得好，成交人數提高到一百人也不是問題。這就是線上經營的邏輯，況且我們還持續擴展土地，慢慢耕

圖2-1 成交比例原則

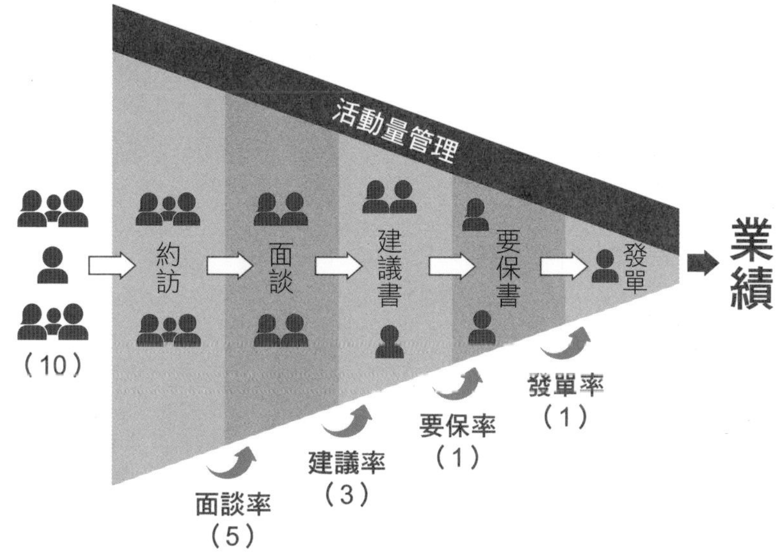

耘、陸續收成，收穫可以源源不絕。

經營線上保險八年來，ＦＢ（Facebook）及Line已成為我「空戰」及「陸戰」的兩大法寶。空戰的武器是ＦＢ，地面強力作戰部隊則靠Line。至於後續推出ＩＧ（Instagram）這個偏好視覺、活潑屬性的社群平台，作戰上跟ＦＢ同屬空戰武器，只是針對的族群不同。礙於法令，業務員不能在社群平台上銷售和招募，但可以利用空戰平台彰顯每一位業務員精采的工作和生活片段。

隨著兩大法寶一前一後出現，我採空戰、地戰同時進行。ＦＢ大而鬆散的結構，用「打廣告」或「空投物資」的概念來看，讓你觸及潛藏在茫茫人海，或想像不到的廣大群眾，而且沒有成本。Line是一對一私密空間，給了對方暢所欲言的機會，他可以放心表達不願讓別人看見的情緒與想法，讓我們更能從中一窺準客戶的需求。

用FB空戰先撒種子

使用ＦＢ的初期，我只把它當作一個生活紀錄工具，記下每天的大小事務及心情感想。朋友群透過發文按讚、留言，保持一種不斷線的零接觸互動，不管彼此相隔多遠，靠著一條隱形的網路線聯繫每一個人。

在外商公司認識的一位同事友人，後來離開公司他三不五十還會跟我保持聯絡，雖然她從未跟我聊到保險商品，但總會傳一些訊息問我：

「明楓，你知道明年所得稅級距調整，從原本……，像是我的薪資是落在……，那對我有什麼影響呢？」

「今年的贈與幅度從二百二十萬變到二百四十四萬，這是從一月一日開始算起嗎？

還是從贈與那一天算起？」

「今天有人來公司講最近很熱賣的長照保險，因為家裡有長輩，想想好像很重要，所以長照險貴嗎？」

當保險商品成為業務員之間的競爭時，哪一位業務員可以很快進入客戶腦中，他就可以在最快時間內脫穎而出。業務員之於客戶，必須創造出「我一直在你身邊」的感覺。FB這個平台，藉著勤奮發文、善加經營，也能擁有拉近彼此距離的功能，甚至創造出「品牌」效應。

隨著每次的發文，慢慢累積出自己的某種樣貌。這種樣貌便是一種「自我形象」的展現。未生孩子前，我是「工作認真、努力上課追求保險專業知識，透過獲獎累積能力」的職場女性。結婚生子、成立通訊處後，我又多了一份「家庭事業兼顧，並且努力打造績優團隊」的樣貌。

原本我的FB大約一百多人，沒有成立粉專、也沒下廣告的情況下逐漸成長至近五千人。我發現成長的關鍵原因在於我的「生活圖文」，那些對他們來說新奇、好玩又有趣的生活文，成了觀眾在工作疲累之餘的「餘興」收視。大家喜歡這種發文，因而常來「觀察」，久而久之形成對我的「熟悉」。

ＦＢ是我的「空戰」工具，空投播種就是發文。當我的臉友逐漸擴大，不同的發文觸及的觀眾會愈多。有人好奇我如何規畫時間、有人想了解業務員這份工作、保險業新鮮人想知道做到百萬圓桌會員的心法、有媽媽好奇我幫孩子買哪種保險商品、有人想知道我露營的營地地點……，只要有人留言發問，就是一個可以從「空戰」導入「地戰」的機會。

用保險業務來理解，ＦＢ就是用來收集名單的工具。而且收集到的名單客群各有不同，都可以藉此再延伸接觸。透過空戰，可以獲得原本不在設定內的名單。

重在曝光，不在成交

業務員在這階段的重點是「曝光」。早期業務員曝光的做法是參加聚會、加入社團、出席同學會，這些方法到現在還是很有效。如果再加上現在社群媒體輔助，可以在ＦＢ、ＩＧ上發文、發動態持續曝光自己。

有些業務員覺得自己很平凡，沒什麼傑出表現，不知道自己可以發什麼。其實平凡的我們正好投大眾所好，只要表達出自己認真的一面，還有留下別人找得到你的管道就好。只要認真經營自己，你的客人自然也會認真看待你。

至於「留下別人找得到你的管道」，主要是讓對方知道你還待在業界，你可以為大家服務。我曾經增員一些學弟妹，一天有一位認識的人傳Line問我某某某還有沒有做保險？我奇怪地問他：「為什麼這樣問？他還在啊。」對方說：「我看他都沒發文，也沒傳訊息給我。我現在要辦理賠了。」

事後，那位某某某被我責備一番，專業的業務員絕對不可以讓客戶覺得你已經消失在他「眼前」，這樣只會讓後續長線經營破功。後面我會再說明ＦＢ的經營規律。

以Line地面戰逐一攻破

ＦＢ空戰打完後，慢慢地有些名單可以透過ＦＢ這層關係，進而互加成為Line友。只要對方願意與你互相加Line，便可將對方視為準客戶，開啟地面作戰。

Line對比傳統保險銷售最大的好處，就是不必大費周章跟客戶約時間、喬地點，只為了見上一面。Line同樣可以打破時間區域限制，以更輕鬆的方式與對方展開一對一的交談。

「我看到妳兒子養甲蟲，那些東西在哪裡買？」

「老同學，妳上次帶團隊去烤肉的營地在哪裡？感覺很棒。」

「妳的女兒長得好像妳喔。」

看到這些對話，表示我們的ＦＢ有觸及到他們。比起傳統經營彼此陌生的第一次約訪，雙方溫度從〇℃起跳的戰戰兢兢不同，因為在開啟對話之前，對方早已認識你，互動的溫度起碼從二〇到三〇℃開始。（下一節會說明成交溫度）。

Line對比ＦＢ的優勢在於，ＦＢ的結構廣大而鬆散，底下留言多半充斥簡單的「很美！」「很棒！」「很有趣！」比較難看到個人的喜怒哀樂、愛恨情仇與食衣住行。只要開啟Line對話，你便可以透過定時傳訊息、問候、聊天來了解對方，甚至進一步談及保險（第三章會聚焦互動技巧）。

當從空戰進入地戰時，許多準客戶對你已有所評價，也容易產生熟悉感與信任感，讓你在提交建議書時，對方不至於產生負面疑慮。善用ＦＢ及Line（工具），加上努力經營（技巧），慢慢就會看到業績逐步提升的效率。

線上vs.線下如何重新分配

剛開始線上經營客戶時，我並沒有放掉傳統經營（線下實體）方式。完全放掉是不切實際的，因為客戶年齡不同，每個人分屬的類型也不同，業務員的角色應該是站在服務的角度配合客戶需求，只是我們多了線上工具可以用來提高經營效率。

六大成交步驟

線上線下的經營模式，取決於客戶端數位化的程度。年紀較輕的客戶，數位化程度高，早已習慣線上交流模式，走線上經營沒問題。數位化程度不高的客戶，如果傳統經營比較有利，那就用傳統模式去服務。

之前提到過，ＦＢ與Line明明在台灣早已普及十多年，但保險業至今仍無法像電商一樣，靠著網路銷售、直播帶貨，完全走入線上銷售領域。其中最大的原因之一在於，法律規定業務員必須做到「親晤親簽」。

不過去年突升三級警戒的疫情，終於打破這個緊箍咒，讓線上成交出現曙光。因此這裡用保險銷售六大步驟來分析線下與線上的差異，並說明如何做到線上為主、線下為輔的準客戶經營模式（圖2-2）：

①收集準客戶名單。

②約訪及蒐集資訊（藉由約見面聊天、喝咖啡）：客戶的ＦＯＲＭ和５Ｗ１Ｈ最擔心哪一塊？

- Family家庭構成／Occupation職業、行業別／Recreation休閒活動、平常下班做些什麼？／Money理財方式、理財觀念。
- Where在哪裡買？／Why為何買保險？／What 買了什麼？／When何時買的？／Who跟誰買的？／How預算多少？保費內容為何？

③建立問題。

・普通問題：生、老、病、死最擔心哪一塊？

・個別問題：針對特別擔心的那一個問題，目前有哪些想法或規畫？規畫重點著重在哪一部分……

④遞建議書（進入商品說明）。

⑤反對問題處理。

⑥激勵成交：提供四種激勵問題設計，以及三種激勵溝通技巧。

・激勵方式有二擇一成交法、決定小節成交法、假設成交法、總結成交法。

・溝通技巧則是動之以情、說之以理、誘之以利。

傳統線下做法上，從第一步驟邁向第二步驟，是業務員第一次跟準客戶約訪聊天。第二步驟到第三步驟中間可能需要再見兩次面，繼續聊天、喝咖啡才能將客戶資料蒐集齊全。第三步驟到第四步則是見第四次面，從中挖掘客戶需求與痛點，進而理解他們需要什麼幫助。第四步驟到第五步驟見第五次面時，業務員會遞出建議書並針對商品問題回應客戶。如果順利的話，再見一次面（第六次）就完成簽約了。當然，如果客戶本身對商品有需求，已經想購買，可能兩次見面就簽約，但這另當別論。這裡舉例的次數和時間，是假

圖2-2 保險業務經營六大步驟

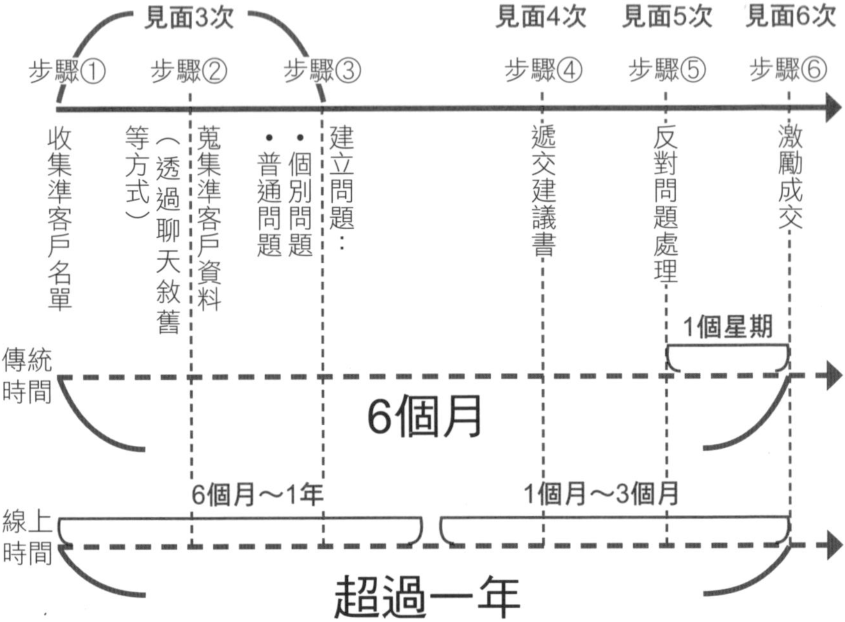

設客戶原本沒有需求，要從建立需求開始（圖2-2）。

原則上要完成一張保單，走傳統流程起碼會跟客戶見上六次面。因為客戶不見得有時間跟你密集見面，所以這過程平均需要半年時間。不過，積極的業務員會想辦法在第四步驟到第六步驟縮短時間，儘量在一週之內直奔終點。另外，業務員可以在第一次見面就切入全險概念，後續反覆回溫成交溫度，達到短時間成交多種保險種類。

線上經營也必經這六大步驟，但最大差別在**成交時間**，因為**客戶群廣大、網上的交談結構鬆散、線上傳遞圖文訊息量不能太大**，所以拉長了成交時間。

由於線上成交無法親身體會對方表情及感受，所以從第一步驟到四步驟，推進時間快慢取決於與客戶互動的升溫速度，有時得花上六個月到一年。從第四步驟走到成交，不管採取何種激勵成交法，可能花上二至三個月。前後加總，快則七個月，慢則達一年三個月。

還有，線上化整為零的保險經營，保單成交的金額多半不會太高。有能力買高額保險的客戶，大多是中高齡長輩，這是傳統經營的優勢。雖然線上經營少有大保單，好處是可以一塊一塊接著出擊，如拼圖一般，經由再購，慢慢完成整個全險目標，讓業務員一直保有收成的機會。

線上經營與線下經營的優缺點比較

線上經營雖然在成交路上拖很長，但好處是節省體力，省去社交的成本，也省去舟車勞頓的時間，而且在收集名單及發訊息觸及率上，可以擴大到數十倍，這種優勢是傳統經營無法比的（表2-1）。

表2-1 線下／線上經營比較

	線下	線上
使用工具	電話、拜訪	網路社群平台
準客戶觸及率	有限	無限
經營時間	平均半年	一年以上
移動時間（交通）	長	沒有
社交成本	多	沒有
成交件數	少	多
保單大小	小→大	偏小→中→大
成交溫度起跳	0℃	10℃～20℃

接著比較溫度，傳統經營在彼此第一次見面時從〇℃起跳，隨著每次見面不斷升溫。線上經營則優勢較大，那些經由FB中「認識」我的廣大客戶，到互加Line成為好友那刻起，彼此之間的溫度起碼從一〇到二〇℃開始。至於準客戶能不能累積對業務員的好感，讓溫度一直往上，端看業務員是否能善用線上兩大工具，還有個人經營技巧。

最初我以傳統方式經營業務時，每天盡全力跑客戶，從早上八點工作到晚上十一、二點，再厲害一天也無法見超過五位準客戶。當時第一年成交七十到八十件保單已經算火力全開的好成績了。

等到生了第二小孩、成立通訊處後，每天做業務的時間只剩四小時，是過往的三分之一。轉為線上經營後，我每年成交的保險件數卻成長至一百一十至一百五十件，績效是以前的四倍。

數字說明一切，在工作時間壓縮下，線上經營仍有加倍的成效。其中關鍵是，傳統經營靠人力拚搏，再勤奮也有時間與空間的限制。拜網際網路與社群平台幫助，客戶觸及數量從起跑點就出現極大差異。使用工具不同，最後的成果當然也不同。

從線下到線上，業務員需要的是心態及觀念的轉變，但對於銷售基本功的磨練是永遠不變的，善用線上工具，加上純熟的銷售技巧，才能創造出高效率的績效。

從二大客戶類型來區分線上、線下經營

線上線下的做法並非絕對，而且可以互相搭配。像是很多長輩客戶，不論是ＦＢ還是Line，都無法取代面對面。情分需要見面聊，唯有親眼看到對方的表情、感受到他人的情緒，才稱得上有交情。

還有些長輩會上網、用Line，當他們告訴你，最近學會用Line跟國外孫子聯絡時，你可以趕緊互相加Line，但千萬別指望他們勤勞上線看你丟出的那些訊息，因為比起線上吃

力地閱讀文字，他們更喜歡講電話。這些客戶我都將他們歸類為「**聽覺型客戶**」，他們喜歡聽報告，不耐煩看長篇大論，業務員若了解客戶的習性，經營時可以參考以下步驟：

①業務員把保險資料整理好；
②用Line與保戶溝通聯繫保單規畫內容
③打電話／見面向他們說明保單規則；
④回答他們的疑問及提問；
⑤若有意願則見面簽約。

這裡有一個約訪建議，服務年紀較大的聽覺型長輩時，可以提前把完整的建議書帶出門，然後見面時間至少安排兩個小時，陪他們聊天、說說話，然後給他們看建議書，一次完整回答長輩提問。不見面時，還必須定時通電話，與他們保持連結與互動，讓他們感覺你仍在他們身邊，如此一來走完整個流程的時間會更快速。

另外一類是「**視覺型的客戶**」，我有許多工程師客戶屬於此類，他們工作時間長又忙碌，根本沒空聽你講話，所以在經營時的步驟是：

①業務員把保險資料整理好；
②用Line傳給客戶或是用ZOOM、Google Meet等會議軟體簡短說明；
③給他們時間閱讀，業務只需線上確認與回覆對方問題（業務員要定時傳訊息問候與探聽意向）；
④回答客戶疑問及問題（同上，要定時傳訊息問候與探聽意向）；
⑤若有意願則見面／視訊簽約。

一旦你發現客戶的數位化程度很高，又屬於視覺型，以上流程完全可以採用線上模式經營。最後，總結線上經營需要具備的五大觀念：

1線上經營必先擴大耕地

前面講過，線上客戶的保額相對小、成交時間長、全險銷售必須分次進行。所以業務員必須捨棄傳統經營思維，擴大耕地廣撒種子，才能持續且提高收成。在收集準客戶名單上，一定要比傳統人數倍數增長。注意了，可以用線上錄音、錄影方式取代「親晤簽親」後，等於業務員經營的疆界無邊。

2 善用社群媒體包圍更多客群

線上經營主打持久戰，空戰與地面戰雙管齊下，不能落單。只要執行下面提供的幾點建議，你永遠會有做不完的客戶：

FB空戰步驟

- 廣泛收集名單，經營人設、空投訊息。
- 演算法無法預測，必須時時檢查是否有已加卻從來沒有來留言、按讚互動的朋友，使用「@朋友功能」，增加彼此「看到對方」的機會。

Line地面戰步驟

- 個人使用端，可預先儲存整理好的保險圖表、新聞資訊、趣味心理測驗，便於互動需要快速丟出。
- 客戶端，除了和準客戶保持一對一或一對多的私密互動，也可利用記事本功能，存放客戶的保險資料、建議書、重要資訊和理賠應注意事項，以方便客戶隨時檢視。

- 定時定量「餵食」客戶。想要提升成交溫度，必須保持互動。例如，每天我會跟一百位客戶保持互動，每則訊息大概可收到三十條回應，有些可以繼續互動、蒐集資訊；有些則推進到遞建議書；還有回應客戶詢問商品內容。
- 獨特的「討救兵」功能。Line有一項傳統經營做不到的功能，如業績競賽期間，業務員可以事前將完整的建議書傳給有能力且有需求的鐵粉，讓客戶有時間閱讀與做決定。這種求救也是一種線上互動，讓彼此關係更緊密。

3節省了體力，卻更耗時、耗腦

線上經營省下體力，卻更花腦力與時間。原因在於線上客戶結構鬆散，彼此熟悉到成交需要時間拉長。另外，業務員也要花心思藉由線上文字釐清客戶問題。為了長期維持一定的成交溫度（三〇到四〇℃），持續且不間斷經營有其必要。但成果很明顯，我的通訊處在疫情期間雖然成交率下降，但業績沒有下降，主要歸功於成交件數多出很多，這些就是長線經營的成果。

4 銷售拆解及小額成交

比起有能力的傳統客戶，見面時可以一次到位，溝通加解說年繳收入一〇%到二〇%、繳交二十年的醫療險，套用在線上客戶身上，他會因為「感覺」保費太高而對業務員產生戒心。但如果說：「我們先買年繳二萬元的重大傷病險。」客戶做決定的速度相對比較快。業務員必須將全險拆解成小單位，讓客戶分階段購買。這種拉長時間拆分小單位的銷售方式，客戶安心、業務員也可以透過持續服務，延伸更多再購和轉介紹的機會。

5 保溫的售後服務

當雙方關係達到一〇〇℃、簽約成交後，如果不再做任何事情，成交溫度就會往下掉。保險的售後服務表現在理賠上，但客戶理賠往往在多年以後。傳統業務員此時忙著開闢新客源，容易把尚無理賠需求的客戶暫時擱一邊，擱著擱著，彼此溫度就會快速下降。

線上經營縱使成交了，除了馬上傳訊息即時回顧進度，還能持續藉著社群軟體定時互動繼續經營，讓客人覺得你一直都在，維持著四〇到六〇℃最舒適的成交溫度。有助於下一次再度加溫回購。

一〇〇℃的成交法

我把完成保單銷售的過程稱為一〇〇℃成交法。因為不管是傳統還是線上經營，業務員與客戶從陌生走到成交，必定經由互動而逐步熟悉。這是一種彼此情感升溫的過程，也就是從〇℃升高至一〇〇℃的歷程（圖2-3）。

銷售六大步驟的每一步，都是業務員為成交加溫的過程。當然，加溫仰賴互動來產生情感上的化學變化，這也是傳統經營比起線上經營升溫速度快、成交時間也快的原因。「面對面」的情感互動，絕對比藉由軟體來熟悉雙方更親切。

以經營六大步驟來劃分成交溫度，第一步驟為〇℃，走到第二及第三步驟，見面三分情之下，大致升溫到三〇到四〇℃。到第四步驟可以遞建議書時，彼此溫度升高至八〇℃。從第五步驟到第六步驟，溫度則達到一〇〇℃。成交過後溫度又會下降，至於降到

圖2-3 業務員經營六大步驟＋成交溫度表

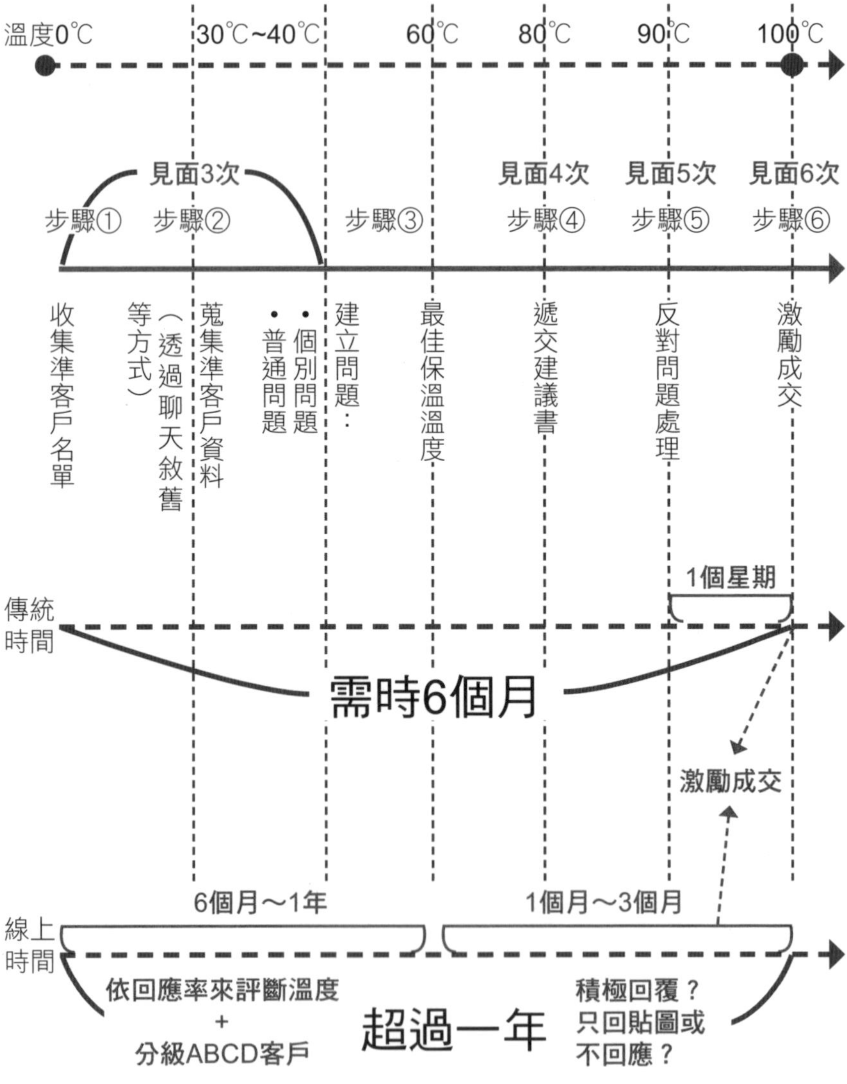

多少，端看業務員如何維持。如果業務員就此消失不見，溫度很快掉回〇℃。如果有心經營，跟你買過一次保險的客戶，只要透過定時聯繫，大約可以與客戶維繫在六〇℃左右的最佳保溫關係。

反觀線上經營，成交溫度是依照客戶互動情況分成A、B、C、D級（參考第三章整理Line客戶名單），藉此來推估業務員當前走到成交六步驟的哪一階段。很多業務員習慣憑感覺辦事，問到客戶目前經營到哪種程度，往往誤判形勢，在不該提及商品的階段猛力推銷，然後在應該遞交建議書時一拖再拖。有了成交溫度表，業務員可以藉由與客戶的互動程度，再結合六大成交步驟，掌握現階段應該怎麼進行。

線上加速升溫的眉角

上面說過，採用傳統做法的業務員，比較能夠明確掌握成交溫度。所以這裡特別說明線上經營可能產生的兩大問題，而二者之間實為因果：

①線上互動單憑「文字」與「圖像」表達，每位業務員解讀與掌控的程度不同，形成強弱差異。

②線上溝通不比線下可以直球進攻，客戶的成交溫度隨著溝通情況起伏很大，有時覺得成交溫度上升到四〇℃，突然又因對方已讀不回降至〇℃。

溫度高低起伏，衝擊業務員的心情，他們往往因不知如何拿捏下一步而躊躇不前：該進攻、按兵不動還是另尋戰略？萬一行動判斷錯誤，可能毀了長期苦心經營的關係。

案例 線上溝通的文字理解能力

去年年底，通訊處業務員甲前來尋求我的輔導。他的業績還差二十萬，短時間內又找不到大額保險客戶，因此想多拜訪幾位小額客戶，每位保個一萬、二萬，加起來也能湊齊二十萬元。

甲非常焦慮說：「怎麼辦，我還差二十幾萬元的醫療險。保險起見，我想多找幾位之前談過醫療險，有需求但一直在考慮的客戶，以小額投保來達標。」

我聽了說：「萬一有一位思考比較久，那不就失敗了嗎？你要改變策略去找一位有能力且具高保額需求的客戶，完成這二、三十萬業績的機會就高許多了。」

於是甲Line了一位之前有持續經營、有需求又有能力的客戶：「阿姨，我在幫一位客戶規畫重大疾病險時突然想到妳。這個保單也很適合妳，一年繳六十萬，兩年共一百二十萬，就有……的保障，而且如果沒發生，也可以……。」

阿姨回：「每個年紀費率都一樣嗎？」

阿姨回話了，在我看來成交機率升高。

但甲卻慌亂，問我：「她這樣問，我該怎麼回？」

我跟甲說：「你回她：『保費因年紀而不同，這保費是我用阿姨年紀做的範例，還是我們找一個時間，禮拜二或三下午，我見面跟妳說明？』」

阿姨回傳：「我再想想，有需要跟你說。」

回話的感覺好像離成交更遙遠了，接下來應該繼續還是放棄？

甲繼續問我：「怎麼辦？」

我：「接著問，阿姨妳這樣問是不是想規畫在自己身上，這重大疾病有含癌症險，還是妳想規畫在女兒身上？」

結果，已讀不回。

很多業務員到這邊就會退卻、打住。但沒有釐清問題之前，與其毫無頭緒揣測對方想法，不如積極釐清真正的意思。
甲急著問我：「現在怎麼辦？」
我答：「再問！」
甲：「問什麼？」
我說：「問阿姨，可不可以把妳女兒的資料也給我，等我有空時，用妳女兒的名字、費率打一份建議書，就用上面的範例，也給妳女兒做一份好不好？」
阿姨馬上回：「好啊，你傳過來給我看。」

從上面的對話你可以看出，業務員解讀文字的能力，影響了他推進成交溫度的可能。線上丟出的訊息比較發散，必須問對問題，然後依據對方的回覆將需求區分、區分再區分，過濾出真正的需求，一旦你找到對方想要的東西，成交溫度馬上提升到接近成交的八〇℃。

事後業務員甲稱讚我說，他覺得我的方法很有效。我反問他：「既然有效，為什麼你到現在還有績效缺口？原因是你的線上經營量太小了。」

線上溝通以文字為主，客戶需要時間看，需要時間想，需要時間回應，一來一往都是時間。再說有的客戶快熟、有的慢熟也很正常。面對新的經營方式，需要轉換新的思維，才能縮短業務員在線上不時遭遇的「撞牆」問題。

線上經營最忌諱用傳統經營思維去執行，如果業務員甲採用線上思維，將追蹤人數擴增五到十倍，就不致於在競賽結束之前焦慮不安。

能增溫的「文字」互動

線上傳遞文字，只要像平常講話那樣把文字打出來就可以了嗎？

這種說法也沒錯，但還不夠。面對面溝通，好處是除了語言之外還能看見「肢體」表情，從而彼此能夠省略許多話語。一旦溝通線上化，如果互動模式沒有改變，想到什麼打什麼，客戶很可能看不懂，進而對你的業務能力產生懷疑，彼此的信任度也將大受影響。

我常常收到他行業務員不時傳來的訊息，但這些訊息我秒看即忘，為什麼？因為覺得內容「**與我無關**」。

最常見的是，業務員傳完一則罐頭資訊就完了，前後沒有留任何隻字片語，看完只知道對方在「推銷」，完全不知道這項商品跟我有什麼關係。業務員希望我購買嗎？還是想請我幫忙介紹？毫無頭緒下，我既不會買也不會推廣，就像塞滿信箱的廣告傳單，讓人隨手就丟。「沒有互動」的線上溝通，成交溫度再努力經營還是〇℃。

案例

線上溝通的文字表達能力

業務員乙傳訊息給客戶，推薦他一份功能性更多的美元保單。由於客戶看完「已讀不回」，於是他找我求助。看完他丟出的訊息，我坦白跟他說，我是業務員，但連我都搞不清楚你的目的，客戶怎麼知道你想表達的重點。

原來乙只丟出一則罐頭訊息，但他在訊息之後並未加寫解釋文字，讓人一看就覺得是來推銷的。

乙解釋：「我是想跟他說，買這個保險可以同時擁有許多功能，尤其是壽險保障。」

我說：「但我看不出來。」

我從客戶角度協助修改：「這份保單是為了你量身訂做的，因為你正處於人生最大的責任期，家裡有兩老，下又有兩小，累積資產很重要，但是在我們打拚期間擁有保障更重要。而這份保單就包含了……。」

果然，客戶回應了。如果一開始就依據客戶自身境況來傳達訊息，客戶一看就懂，也不會出現已讀不回、成交溫度下降的情況。有些資深業務員在想法上一直沒有轉型，他們不習慣打字，也沒花時間精進，導致書寫能力不夠細膩。

這裡有幾個線上書寫技巧提供大家在回覆訊息時使用：

- 先理解你的保單優勢，在草稿上整理好；

- 在解說商品時，分解成一小段、一小段來說明；
- 最後一段建議用「問句」，可以提高回覆率。

依照上面的先後順序，一段一段傳給客戶看。

這裡要注意，分段不要太碎，也不要太長。試想如果你是客戶，當Line的訊息聲一直響會不會很煩躁？又或者收到一長串需要花眼力閱讀的文字乾脆直接放棄不看。客戶「已讀不回」或許不是不感興趣，很可能是不想看、不想理會或看不懂。

觀念建立，掌握使用工具的能力，接下來就是磨練技巧的部分了。

第3章

實戰篇——管理客戶端

技巧1：連結準客戶——取得連結的管道

相較其他的商品銷售行業，保險沒有實體「店面」。大家叫得出許多大小保險「公司」，卻找不到銷售保險的「店面」。少了店面，自然沒有主動上門的來店客。每一位從事保險的業務員，從入行接受教育指導開始，莫不熟悉保險行銷六大步驟，六大步驟開宗明義的第一步就叫做「組織準客戶」。

所以當我從家族事業轉行入保險業，跟其他新進保險業務員一樣，面對的客戶數是「零」，必須從經營準客戶開始。準客戶從何經營？就從收集名單開始。我先解釋最基本的三種客戶類型，以及他們之間的升溫方式：

①**陌生客戶**。陌生的定義是指，換過名片或是之前曾經認識但不熟悉的人。他們必

定會完整走過六大步驟，也是必須從○℃開始經營的客群。

②**緣故客戶**。客戶與我們之間原本就認識，彼此溫度至少已經有二○℃以上，你對他只是多了「保險業務員」這個身分。這類客戶最在意的是，業務員的約訪是否只想推銷（難以扭轉的刻板印象）。切忌一開始就談及商品，你約訪目的在於蒐集資訊、確認需求與提高溫度，而非成交。

③**熟客（既有客戶＝市占率）**。這類客戶在新商品提案上比較不用擔心，透過你的長期經營，他們溫度持續在四○到六○℃，拜訪前先造橋可以提高效率（例如以契約變更的名義約訪），不然也只會得到「我再想想」這答案。提案過程必須判斷成交溫度來決定「加壓」或是「釋壓」（參考第四章激勵成交）。

九宮格找出「準」名單

名單不外乎就是親朋好友的「緣故」、與陌生人互換名片、路上廣發傳單及轉介紹。名單雜七雜八很多，必須好好整理才能發展出後續的準客戶名單。

我通常用曼陀羅九宮格法來收集、整理並延伸客戶名單。把自己放在九宮格的中間，

表3-1 九宮格延伸客戶名單

同學	同事	親戚
鄰居	**我**	同袍
陌生	消費對象	社團／同好

圍繞在自己四周的其他八格分別為：同學、同事、親戚、鄰居、同袍、陌生、消費對象及社團／同好，其分別代表的是（表3-1）：

- 同學：學生生涯、職場進修等認識的同學，包含學長姐、學弟妹等在校園時期認識的人。
- 同事：職業生涯共事過、待在同公司相識、甚至業務中認識其他公司的同事都算。
- 親戚：有血緣關係的近親或遠親。補充說明，如果是已婚人士，親戚格中也可以同時包含另一半。
- 鄰居：鄰居範圍界定比較廣一點。住在都市的人大概只認識同社區、同樓層左右鄰居，但如果住在鄉村，大概同個鄰里的人都相熟，這些都算鄰居。
- 同袍：男子服義務兵役時期在軍中認識的人，舉凡前後同梯的弟兄、長官，甚至福利社阿姨。
- 陌生：進入行業以前完全不認識及不會接觸的人，

或工作上做問卷調查隨機取得的名單，或是公司分配的服務名單。

- 消費對象：常去光顧的早餐店老闆或店員，或美容、美甲院指定的設計師等。
- 社團／同好：舉凡個人從小到大參加的任何團體，像是登山社、羽球社、手工藝社，以及出社會參加的社團，例如獅子會、同濟會等都算在內。

九宮格的劃分讓你可以列出每一格中可能經營的對象，最大的好處是，格中的每一個人都可以再延伸發散出去，自成另一個九宮格。如親戚格中可列出父母、兄弟姊妹、表堂兄弟妹，還有另一半的父母親戚等。如以自己的爸爸為例，可擴展出另一個「爸爸九宮格」（表3-2）。

表3-2 爸爸延伸的客戶名單

同學	同事	親戚
鄰居	**爸爸**	同袍
陌生	消費對象	社團／同好

傳統的九宮格是種「心理」及「地理」考量下產生的生活圈，經營名單會特別關注自己的生活圈，像是居住距離自己比較近的親

戚、同學與同事，才會成為我的經營主力目標。

舉例來說，我有一位同學住在高雄旗山，職業是運貨司機，月薪三萬多元，買醫療保險一年頂多保費三萬元。以傳統經營方式，我若想賣他保險，勢必要先電話聯繫幾次，然後下南部跟他見面。每一次見面高鐵車票來回近三千元，期間還沒包含去旗山的交通費。

就算業務能力很強，兩次見面就能成交，扣除交通成本六千元，算上來回一趟要花一整天的時間，相較之下，倒不如強攻住家樓下不怎麼熟稔的商店老闆。礙於成本、時間、交通及精力的限制，就算心裡覺得可惜也要做出取捨。不過轉成線上經營之後，你可以不用在意距離，把所有人都放入九宮格內。

取得連結準客戶的管道

收集好「準客戶」之後，接下來就是如何連結他們。一般傳統做法必須取得對方的電話號碼。取得電話號碼才有機會進行下一步的電訪、約訪甚至爭取面對面交談的機會。不管去翻畢業紀念冊、收集公司通訊錄、透過互換名片或向親友間打聽等都是取得的管道。

只是你會發現，要電話的傳統做法似乎與他之間的「連結」少了一點共通性（溫度從〇℃起跳）。舉個例子，畢業多年不見的同學，有一天突然打電話來跟你敘舊，並積極熱切地邀約見面喝咖啡，你腦袋中的第一直覺可能是：

「他一定是來拉保險，不然就是做直銷要賣東西。」

這時候線上的連結就可以幫你大忙。線上連結方法最簡單，只要和準客戶互加Line好友就好。Line可以讓原本不太熟的雙方先初步認識，甚至在取得Line的過程就可以先認識雙方。

試過取得線上聯絡方式後你會發現，索取Line的過程不但比要電話號碼輕鬆，而且在破冰之後也會讓準客戶對你有了初步印象（溫度從一〇至二〇℃起跳）。這也是我經營線上之後發現的三項好處：

① **降低對方防衛心**：不管是在FB互加好友，跟他人要Line、追蹤對方的IG，比起要到準客戶的手機號碼或住家地址這類私人資訊來說，線上平台是公開資訊，可以降低對方的防禦心。

②**主控在我的想法**：社群平台的最大好處就是準客戶擁有自我主控權，萬一遇到太緊迫盯人、讓人感覺不舒服的人，隨時可以刪友、取消關注，甚至封殺對方。

③**從「朋友」做起的正面思維**：大家對交友平台大多採取友善、正向的態度，就算你是點頭之交，加了Line或ＦＢ之後彼此就是「朋友」，聊天也順理成章了（下一節說明互動技巧）。

基於上面三點，我強烈建議大家趕快利用線上工具經營自己的準客戶。我們可以從ＦＢ成立的群組或加入的社團中找到老同學及同好。至於鄰居，許多社區在Line上早已開設群組做為消息布達之用。

關於如何開啟對話，和對方破冰聊天，並成功互加對方ＦＢ或Line，可以從三個方面著手：

①**從對方「外在」展開對話**：從對方的穿著打扮、使用物品、ＦＢ發文內容來展開對話：「這個耳扣好看又好適合妳，可以請問在哪裡買的嗎？」「我看到你在ＦＢ貼出某牌日本感冒藥，因為疫情沒辦法出國，請問你都在哪裡買到的？」如

果對方回應：「我在某某網站購買。」便可提出：「可以加你的Line好友嗎？我想要購買連結。」

②**積極參與公眾事務**：加入你想經營目標客群的社團或組織，像是參加社區委員會、學校家長會、登山社等等。社團使人有歸屬感、同類人的心理，容易就社團業務開啟對話。例如，在電梯中遇到鄰居問你：「今年的聖誕活動何時舉辦？有聽說嗎？」此時身兼社區主委的你可以趁機回說：「還沒公告耶，不然我們加一下Line，如果聽到消息，我傳Line告訴你？」

③**投其所好**：從對方的偏好展開話題，如愛喝咖啡、喜歡品酒、愛蒐集公仔等等。「我有家具展的電子公關票，要不我們互相加Line，我傳給你？」「我家裡有一瓶紅酒，拿去送人不知道會不會失禮，可以加Line嗎？我傳給你，請幫我看看。」

現代人互相加Line只要理由正當很快便能搞定。反而是加入同好社團Line「群組」時需要特別注意，儘管我們同在一個群組，卻沒有互加好友，所以當你丟訊息給對方時，對方完全看不到。如果對方是你想經營的準客戶，除了拿到對方的Line之外，還要記得請他也加你為好友。切記，兩人私訊開通的那一刻，才是經營的開始。

案例　展開對話的時機點

範例1　我知道住對面的鄰居白天固定出門上班，所以他的停車位便空了出來。這時可以這樣展開對話：

我：「不好意思，如果我白天有訪客來，可不可以暫時借停你的車位？」

鄰居：「好啊。」

我：「太感謝了，那麼我們互加Line好嗎？萬一哪一天我需要借用車位，我先發Line跟你說。」

鄰居：「OK，沒問題。」

範例2　社區中有些跟自己孩子同齡的爸媽住戶，彼此的小孩可能一起上游泳課或共同參與某些活動。因此媽媽們經常在活動中打照面，雖然不算熟，有了「孩子」這個共同話題，很容易開啟聊天模式：

我：「下星期放連假時我兒子可以找妳家的小朋友一起下來游泳嗎？」

鄰居：「好啊，歡迎！」

我：「太好了，那我們互相加Line一下，看要約幾點，我們再約一下吧。」

範例3

特別注重個人隱私的人，他們懂得使用委婉或轉移焦點的言行，輕易從暴露個人隱私的可能性中溜走。遇到這種狀況時，我會在共同參與的聚會活動中找機會：

我舉起手機：「姐，妳今天打扮得好美，好有氣質，我們來合照一張。」

對方：「啊，用我的手機拍就好。」

我：「姐，我跟妳說，用我的新手機拍出來的比較漂亮。不然妳用妳的手機也拍一張，我們比較看看。」

對方邊比對邊驚嘆說：「哇！真的是妳的手機拍得比較美。」

我提出邀請：「姐，我現在用Line傳給妳，但妳要加我好友。因為之前忘記要問妳什麼問題，發現我們的Line沒有通。」

對方：「這樣啊，那來加一下吧。」

加了好友立刻傳照，在Line的茫茫人海中，馬上將你的「準客戶」名單設定置頂位置。

利用九宮格來延伸人際關係，很容易串聯出潛在的準客戶，不過有兩點提醒：

- 不管傳統還是線上經營，準客戶的定義都相同。
- 沒有互動以前，他都不是你的「準客戶」，他們只是你的「名單」。

完成建立準客戶名單和取得聯繫方式之後，下面接著說明如何與準客戶互動。

案例

幫客戶做緊急聯絡卡

我的一位客戶擔心自己萬一發生車禍沒人知道他是誰，而幫自己做了一張緊急聯絡卡（圖3-2）。於是我運用這個好點子，在疫情居家上班期間，協助很多客戶完成緊急聯絡卡（圖3-1），同時也取得了更多準客戶名單。

圖3-1 線上Line溝通技巧

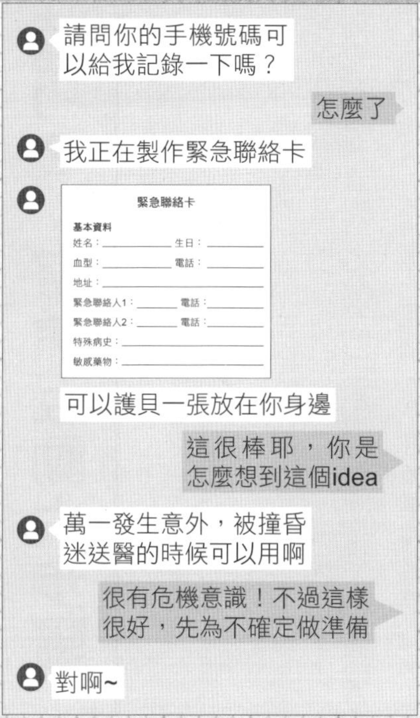

請問你的手機號碼可以給我記錄一下嗎？
怎麼了
我正在製作緊急聯絡卡
緊急聯絡卡
基本資料
姓名：
生日：
血型：
電話：
地址：
緊急聯絡人1：
電話：
緊急聯絡人2：
電話：
特殊病史：
敏感藥物：
可以護貝一張放在你身邊
這很棒耶，你是怎麼想到這個idea
萬一發生意外，被撞昏迷送醫的時候可以用啊
很有危機意識！不過這樣很好，先為不確定做準備
對啊~

圖3-2 緊急聯絡卡格式

緊急聯絡卡

基本資料

姓名：＿＿＿＿＿＿ 生日：＿＿＿＿＿＿ 血型：＿＿＿＿

電話：＿＿＿＿＿＿ 地址：＿＿＿＿＿＿＿＿＿＿＿＿

緊急聯絡人1：＿＿＿＿＿＿ 電話：＿＿＿＿＿＿

緊急聯絡人2：＿＿＿＿＿＿ 電話：＿＿＿＿＿＿

特殊病史：＿＿＿＿＿＿ 敏感藥物：＿＿＿＿＿＿

技巧2：聚焦互動六步驟

列完名單、拿到了對方的Line或電話，接下來面臨另一個關「卡」：要如何和準客戶互動？如何與對方產生「連結」？許多業務員都是拿起電話開始打，或者一股腦狂丟訊息，期待彼此一開始就有熱絡的聊天互動機會。

「姐，我跟妳說，我們現在推出一個很好的保險……只要每個月繳XXX保費，繳滿六年，然後可以得到XXX保障……」

一開口或傳訊息就丟出商品簡介，如同自說自話不顧對方感受，正常人一定想馬上脫身，不是快速回一句：「我不需要。」就是換得「已讀不回」的結果。這樣根本算不上互動，對方只會覺得這訊息「跟我有什麼相關」。

聊天聽起來很簡單，裡頭學問大。很多業務員誤把溝通對話當成話術，而這錯誤的觀念很可能就是業績無法成長的原因。使用任何話術推銷商品之前，如果客戶沒有發自內心認同你，說再美好也沒有用。

所以本節不提供話術技巧，而是提供可以校準你聊天的好工具，並將聊天分為六大類：調整頻率、營造親和力、蒐集問題、支持性聆聽、有目的提問和雙向對話來依序說明。

一、調整頻率

業務員如果只是提供產品規格與報價能力，終將被淘汰。我們應該問自己：「**別人為什麼跟我買？**」這問題的背後存在一種需求，而業務員應當竭盡所能找出消費者未被滿足的需求，還必須比其他競爭者更快、更好滿足他們。畢竟保險商品受金融法規管束，各家商品大同小異。到頭來，只有**無差異化產品**，以及**有差異化的業務員**。

經營線上與經營線下道理相同。業務員必須知曉分寸，懂得在最初的電話或見面中，只聊天不談商品，更不要企圖成交。當你把焦點放在關心對方，降低對方的戒心，人與人之間的隔閡，才會慢慢在分享生活與對事物看法中放下。透過仔細聆聽，對方愈不吝惜跟你分享他的喜怒哀樂、擔憂與渴望，你愈能從聊天中勾勒出對方過去幾年經歷了哪些風雨人生。

這裡我利用神經語言程式學（Neuro Linguistic Programming，NLP）的十二個假設前提來提醒業務員，多多檢視自己的語言模式與心理策略，從而去改善自己的行為：

①**沒有兩個人是一樣的**：每個人都有不同的生活背景和經歷，發生在一個人身上的事，不能假定發生在另外一個人身上，也會有一樣的結果。即使是同一個人，也會隨著時間而改變。尊重每個人的差異和獨特性。

②**一個人不能控制另外一個人**：每個人的信念和價值觀都不一樣，而且只對自己有效，所以一個人無法讓另一個人放棄自己的信仰、價值觀而去接受某一套說法。但是好的動機可以給另一個人理由去做某件事情，以保險為例，我們不能控制客戶買不買，但是我們給他好的動機來改變其行為。

③**溝通不是我說了什麼，而是對方聽到什麼**：溝通沒有對錯，只有「有效果」和

「沒效果」之分，沒有人對相同的訊息有完全同樣的反應，所以溝通的效果由聽者決定。因此我們要改變「說」的方法，才有機會改變「聽」的結果。例如，我們以為自己商品解釋得很清楚，但其實客戶只聽懂一半，那他當然會猶豫不決。重點是，送出的訊息能夠進入客戶的潛意識比意識層面更重要。

④**重複舊的做法，只會得到舊的結果**：做法不同結果才會不同。承上例子，客戶聽不懂，我們又一直按照之前的方式跟他溝通，溝通再多遍結果可能還是一樣。跟不同的客戶溝通，方法也要不同，如果銷售保險每次只會一直強調保險的意義，客戶老早聽到都知道怎麼拒絕了。所以改變是進步的起點。

⑤**沒有失敗只有回饋，沒有對錯只有選擇**：過去的做法得不到期望的效果，是我們需要改變的信號，所以「失敗」只有在事情畫上句號才能使用。如果你想繼續解決問題，或是想讓事情進展下去，失敗這兩個字就不適用了。掌握每次回饋帶來的教訓，每次便有了學習的機會。

⑥**每個人都具備足夠的資源**：每個人都是富足的，任何人均能透過學習而做到別人所不能做到的事情，每個人只要願意透過學習，都可以辦到。例如，每個人都有過成功與快樂的經驗，表示每個人都有使自己成功和快樂的能力。每天遇到

的事情，正面和負面的意義同時存在，將事件或是經驗轉換為絆腳石或是墊腳石，由自己決定。

⑦ **有效果比有道理更重要：**說道理往往是把焦點放在過去的事情，注重效果則是把注意力放在未來。洞察每個人在乎的痛點，與對方產生共鳴，溝通才會有效果，不然講再多也沒用，所以溝通的意義在於對方最後做出的回應或反應。例如，跟客戶爭辯規畫保險有多重要，吵架贏了，客戶還是沒有買保險，最後只是自己講爽的而已。

⑧ **只有感官經驗所塑造出來的世界，沒有絕對真實的世界：**每個人的世界都是透過攝入的資料，經由我們的信念、價值觀過濾後來決定其意義，進而形成主觀意識。而且我們只能透過這個方法建立對世界的認知，沒有其他的方法。例如：你覺得年繳五十萬的保費很多，但是對方可能覺得很少，對於數字和大小的感受，每個個體都不一樣。

⑨ **每個人在當下都會為自己做最好的選擇：**每個人的行為背後都有一個「滿足內心深層需求」的原因，人們不一定意識得到這個「原因」，只會選擇一個自己所知道的方法中，最好的處理方式，但是這個「自認為」最好的方法，不見得就

是「事實上」最好的方法。客戶決定不買保險也是如此，就連殺人犯在殺人的當下都會認為自己當下的做法是最好的選擇。

⑩ **凡事最少都有三個解決方法**：對事情只有一個方法的人必定陷入困境，對事情只有兩個方法也會陷入左右為難的局面，所以當有第三個方法後，就會有更多的方法可供選擇。每一件事情都有不同的解決方案，但前提是必須有一顆開放的心，世界尚有很多我們過去沒想過的方法，或是尚未認識的方法，只有相信有未知的有效方法存在，才會有機會使事情改變。

⑪ **在任何一個系統裡，最靈活的部分就是最能影響大局的部分**：容許不同的意見和可能性便是靈活，在一個群體中靈活使人放鬆，靈活不代表放棄自己的立場，而是容許找出雙贏、三贏的可能性。在溝通中，明白不代表接受，接受不代表放棄立場。所以我們溝通時常使用「同理心」，如果不能夠同理，很快就會跟對方切斷關係。

⑫ **每個行為背後均有正面的動機**：每個人都會合理化自己的行為，潛意識不會有傷害自己的動機，只是誤以為某行為可以滿足某些需要，而不知道有更好的辦法。所以了解及接受正面動機，才容易引導一個人改變他的行為。

圖3-3 營造親和力的步驟

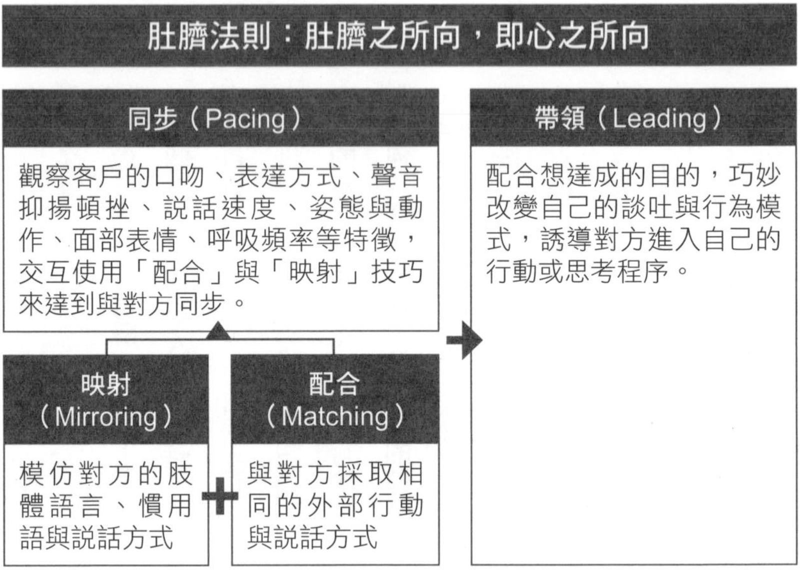
肚臍法則：肚臍之所向，即心之所向
同步（Pacing）
觀察客戶的口吻、表達方式、聲音抑揚頓挫、說話速度、姿態與動作、面部表情、呼吸頻率等特徵，交互使用「配合」與「映射」技巧來達到與對方同步。
映射（Mirroring）
模仿對方的肢體語言、慣用語與說話方式
配合（Matching）
與對方採取相同的外部行動與說話方式
帶領（Leading）
配合想達成的目的，巧妙改變自己的談吐與行為模式，誘導對方進入自己的行動或思考程序。

上面這些建議是讓業務員在與客戶溝通時能夠「調頻」，把自己的頻率調整和客戶的頻率一樣，讓客戶覺得你和他是同類人，人們喜歡像自己（同類）和喜歡（烘托）自己的人，這樣才有機會往下談。當我們有這樣的信念架構，達到溝通的可能性會更大。

二、營造親和力

調完頻率之後，接著開始對準客戶「營造親和力」，只要有建立親和力的能力，就可以贏得溝通對象的信任感。一般來說，人們通常對於價值觀、信念比較相近的對象產生親和力，只要好好地練習營造親和力的方式，人人都可以輕鬆與人建立信任關係。

營造親和力的步驟可分為「同步」和「帶領」。同步之下可以再分為「映射」和「配合」。同步與帶領的基本原則，首先要理解並配合對方的價值觀，接著再擴大自己的影響力，讓對方逐漸接納自己想要的行為或價值觀，執行方式如下：

①觀察對方的口吻和表達方式、說話速度、音量、姿勢、動作、表情、呼吸等特徵，然後交叉使用映射與配合技巧，讓自己與對方達到同步。同步的好處是，你與客戶容易產生共鳴，進而誘導他們跟你一起行動與思考。另一個重點在於消弭彼此差異，找出共通點。當雙方在共同頻道上，你就可以用最少的語言傳達出最清楚的訊息。同步是使用對方的文字語言；配合對方的語調；模仿對方的肢體語言與行動。對方講台語，你就講台語。對方拿起咖啡喝，你跟著拿起你的飲料喝。

②和對方同步之後，便可自然地改變口吻和表達方式、姿勢、動作、表情、呼吸等等，然後觀察對方是否會跟著改變。

圖3-4 PNV法則

不斷調整鏡頭，聚焦客戶視角

- 在解決問題的各階段，探詢客戶痛點、需求和價值
- 可以藉由5W1H來試探，其中Why（為什麼）要問3遍

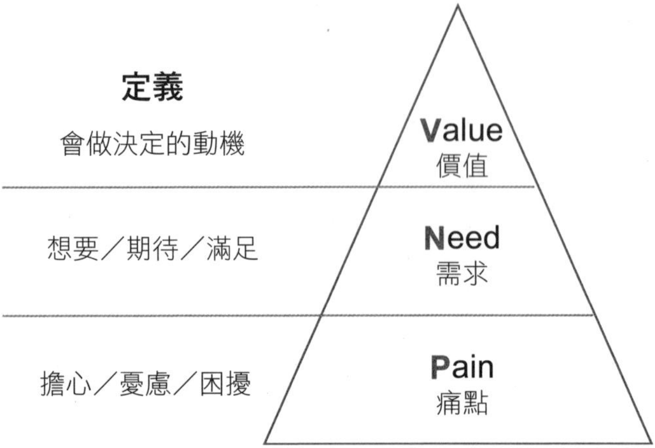

③如果對方跟著改變，便可確認對方已經上鉤了。若無，則再進行①＋②直到營造出親和力為止。整個營造親和力的過程要使用「肚臍法則」（圖3-3），依據這些行動法則，善用你的觀察力，才能讓客戶對你產生親和力，有利接下來的溝通。

三、蒐集問題

很多業務員溝通時經常忘記自

己的目的。我們的任務不是聊天，而是透過聊天的過程，察覺客戶真正想做什麼，並提供能夠解決問題的商品。每當客戶無意間跟我抱怨一些事情時，除非我知道他真正的痛點是什麼，否則我絕對不會給出建議。

業務員好比偵探，必須要先蒐集與洞察問題，才能找到真相。善用PNV法則（圖3-4）來調整我們對客戶的理解，從客戶的視角去關心他們擔心的事情，就是在對話中常擔心和憂慮什麼人事物，或是對什麼事情感到困難。從對話中去挖掘客戶「痛點」背後想滿足的「需求」，進而找出客戶做決策的動機，這個動機就是他的「價值觀」。在探詢客戶每個決策旅程的PNV時，必須透過提問的能力，善加運用5W1H，其中Why（為什麼？）要問三遍，才能真正洞察到客戶的愛恨情仇。

案例 運用PNV法則聚焦客戶需求

我的一位客戶是二房太太（沒有法律名分），一直覺得自己虧欠兩個女兒（**痛**

點），也希望自己能做些什麼來補償她們（**需求**）。

我：「為什麼你內心常覺得虧欠女兒？」

對方：「因為我身分特殊的關係，如果以後她們父親去世以後，女兒就沒有保障了。」

我：「依據民法，只要是親生子女，還是有繼承權的，所以她們還是可以拿到屬於自己的那一份。」

對方：「我知道，但哪有那麼容易，到時候大房會怎麼刁難我女兒，想到我就很難過（**痛點**）。我想在我有能力的時候可以為她們預先做些什麼（**需求**）？」

我：「其實保單不只有留錢給女兒的功能，因為保險有「指定受益人」，可以好好善用這個權利。所以如果我們先規畫好足夠的額度，先生身故時，女兒可以拿到一筆足夠的保險金，讓她們可以很大方地放棄繼承先生的其他資產（**價值**）」。

因為理解了對方真正的痛點及需求，以及找到對方做出決策的動機，規畫商品

> 不再是想讓客戶捧場，而是真正可以解決對方的問題。

透過案例可知，業務員必須先了解客戶的最終價值，否則強迫推銷也無法成交，或者客戶買了之後覺得買錯商品，又跑去跟別人買。

還有，有時可以多多利用「為什麼」來問出客戶的真正動機。之所以重複提問，因為人有時候真的不知道自己到底糾結什麼、在乎什麼，你一而再、再而三地提問可以讓他深入思考這問題的真正意義。

四、支持性聆聽

蒐集問題與聆聽屬於同一階段的工作，在你不斷提出問題之間，聆聽對方的回覆很關鍵。這裡有一個重要提醒，不要自己腦補、揣測客戶的心。你不是他，你永遠也不會知道他的正確答案。倉皇下結論只會得到錯誤的結果。

聆聽看似靜態，但有其步驟，最常使用的是三R聆聽技巧：接收（Receive）、反應

（Reflect）、複述（Rephrase）：

- **接收：**

✓提問時心態必須是中立、接受的狀態。

✓必須搭配身心語言，七%文字語言、三八%聲音語調、五五%肢體語言。例如傾聽時，眼睛看著客戶，身體不要靠在椅背，往前傾向客戶。

- **反應：**

✓對談雙方的反應會互相影響。客戶傾訴時，業務員可以說「這裡我不是很清楚，可以再解釋下一嗎？」「沒關係，慢慢說」之類的話。這些話看似簡單，卻能讓客戶感受到你的關心與專注。

✓內容、語調、肢體動作與對方同步。對方如果講到很氣憤，你也表現出氣憤為他不值的樣子，讓他覺得你跟他是同一國的人。（**運用營造親和力的步驟**）

✓感染對方，反應配合提問的問題。藉由「是喔，那你當時有什麼感覺？」「為什麼他會這樣做，你家人沒有反對嗎？」這類反問話題來判斷客戶的立場與價值觀。

✓好的反應會讓對方覺得被同理、被支持，進而更暢所欲言。

• **複述：**

✓摘要、再複述，讓對方理解你知道他所說的內容。當客戶傾訴完後，從中篩選關鍵資訊，並重複說一遍內容，確認自己聽的是否全面與正確。例如，我聽到……／我看……／我覺得……。

✓使用的詞語愈接近對方，對方愈容易思考，愈能讓對方確定你掌握他所說的內容。

✓好的複述會讓對方覺得這是一場有意義、有品質的對話。

支持性的聆聽等於有信念的聆聽，這是一種心理上的肯定、讚美與烘托，讓客戶願意為你打開心門，客戶才會愈說愈多。不過有些業務員可能因為人生歷練少或是表達技巧不好，無法回應客人的話題，這時業務員可以這樣做：

①臉部表情、情緒跟對方保持一致，同時認同地複述他們的話就好，讓客人感覺你跟他站在一起，並鼓勵對方多講一些。

②將聽過類似的故事、甚至親身經歷與客戶分享，讓他們覺得你了解其感受或經歷。

③運用肚臍法則，聊天時將肚臍或大胸膛對著對方。

案例

運用支持性聆聽

一位客人在聊天中談到青春期的女兒：「我最近打電話給女兒，但她都不接我的電話。我老公工作又很忙碌，想要討論一下孩子的教養問題都沒有人可以問，讓我很煩惱。」

業務員（**邊聽邊點頭，表達認同理解**）：「從妳講的話中，我聽到妳因孩子的

教養問題而煩惱，我覺得妳一定很為難，不知道該怎麼辦，對嗎？」（**複述他們的話並再問一次**）

客戶：「不是，我想可能是最近我女兒想買一台摩托車，我擔心她騎車危險一直不幫她買。」（**從教養問題過濾出事件**）

業務員：「是喔，那妳接下來想要怎麼做？」（**判斷客戶的立場**）

客戶：「可能會先跟她溝通看看，有沒有讓我們覺得安全的替代方案。」

業務員接著說：「我覺得妳真的很在意小孩的安全，所以最近跟她的關係才會有點緊張。我有一個客戶跟妳很像，總是在擔心子女，但是子女青春期叛逆有時並不是變壞，只是有時不想跟大人講話，感覺有點厭世，過了這個階段就好了，不用太擔心。」（**分享親身經歷**）

從支持性聆聽發展到商機還很遙遠，但有了客戶產生「同一國」的感覺，雙方慢慢培養溫度，彼此加溫到三〇到四〇℃。接下來業務員開始提問時，客戶就會暢所欲言，說出以前不曾跟別人講的心聲。

五、有目的提問

提問的目的有幾個，包括取得資訊、區分來源類別、探究真實意義。我用美國社會心理學家魯夫特（Joseph Luft）和英格漢（Harry Ingham）在一九五五年提出「周哈里窗」（Johari Window）先來解釋資訊的種類。圖3-5四象限中的資訊分別是：

- **公開資訊**：像是IG、FB發布的訊息都屬於公開訊息，就是想公開讓大家知道的。
- **盲點資訊**：大家看得很清楚，自己卻沒發現的事，例如老闆很小氣全公司都知道，但只有他覺得自己很大方。例如，緊張時會不自覺抓頭髮，自己卻沒察覺。
- **隱私資訊**：只有當事人知道的資訊，像跟拍明星的記者就是做這塊的生意。
- **潛能資訊**：外人和自己都不知道的事。透過與業務員的互動而被打開的潛能。

圖3-5 周哈里窗四象限

利用聆聽與提問、區分與回應來探索客戶隱私與盲點

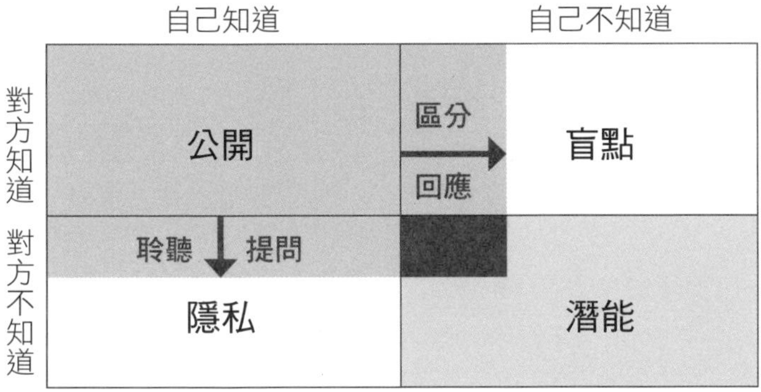

透過「聆聽」掌握關鍵訊息，再透過「提問」來確認對方真正的想法，進一步讓客戶願意向你公開隱私。針對對方一直重複陳述的訊息，「區分」強度並辨別其真實意義。突破對方信以為真的想法，並且像鏡子一樣「回應」對方所處的狀態，包含看到的、聽到的、感覺到的。結果就是，取得更多原本未知的資訊，擴大了你對這位客戶的認識（上圖中深橘色區域）。

問句的層次與技巧

提問是業務員的重要工作之一，好的問句可以和對方接二連三地展開對話，這裡把提問歸納成三步驟，依據訊息多到聚焦，依次分為向上、橫向、向下問句，如圖3-6所示：

向上問題就是大家熟知的開放性問題，經常伴隨一連串的「What（什麼？）」及「Why（為什麼？）」，經由開始的簡單問句逐漸發散開展，從對方回答中抓到「關鍵字句」，再從關鍵字句接下去問，深入挖掘、一問再問。

案例　關鍵W問句

業務員：「你生幾個孩子？」（**How many**）

客戶：「我生兩個。」

業務員：「你的經濟能力這麼好，為什麼不多生幾個呢？」（**Why**）

客戶：「這跟經濟沒關，跟生活品質有關。」

業務員：「你追求的生活品質是什麼？」（**What**）

客戶：「想要給自己多點時間。」

業務員：「那你想把空餘時間拿來做什麼？」（**What**）

客戶：「我想把多出的時間拿來拚事業。」

圖3-6 問句的歸類技巧與層次

3步驟：向上歸類、橫向歸類、向下歸類

- 向上歸納會愈來愈抽象，目的是異中求同。
- 求共識、找方向／意義／價值。

- 橫向歸類為分類問題，目的是找出邏輯。
- 層次的其他選項。
- 尋找新的可能性。

- 向下歸納會愈來愈具體，目的是同中存異。
- 展開此項目的細節／方法／人事時地。

業務員：「你已經達到財富自由了，為什麼還想拚事業？」

（Why）

客戶：「我想把事業拚起來，變得比較穩定以後，萬一家族事業不穩定的話，我才有時間回家幫忙，成為支持家族事業的力量。」

「向上問句」可以愈挖愈深，從「生孩子」開始，最後問出個人的核心價值，找到答案背後深刻的意義。隨著關鍵字句出現，針對有興趣的關鍵字句繼續問下去，並且將答案做整理再收縮，逐漸打開客戶沒有察覺的盲點。

「橫向問句」是大多數業務員常問的問題，提出選項或類別讓對方回答，主要協助收攏向上問題，像是「你今天下午茶想吃什麼？」「台灣玉米主要有哪些種類？」「你生幾個小孩？」對話說完基本上就句點了。至於「向下提問」是具體的問句，回覆大多是YES、NO或單一指定選項。像是「你愛吃玉米嗎？」或「這次的保單，你傾向先做醫療、意外、長照？」

不停追問下，「向下問句」得到的答案會愈具體，「向上問句」得到的答案會愈抽象，在潛意識裡的價值觀本來就是自己原來也不知道的。

案例 綜合問題的實際運用

保險被歸類在金融商品，如果要比報酬率、年利率，保險商品就進入金融商品的大紅海，所以很多業務員覺得保險很難賣。但好的業務員會藉由三種面向的問題交錯提問，找出客戶真正在意什麼，歸納出重點，再具體提出解決方法，進而成交。

業務員：「為何要做理財？」（**向上＋Why**）

客戶：「當然是想要日子過得愈來愈好啊！」

業務員：「目前你的理財工具有哪些？」（**橫向**）

客戶：「基金、股票、定存。」

業務員：「你有想要規畫保險嗎？」（**向下**）

客戶：「沒有，因為投資報酬率沒有股票好！」

業務員：「你希望日子愈過愈好，那你有什麼人生目標嗎？」（**向上＋What**）

客戶：「我很簡單啦，就是家庭和諧，兒女平安就好」（**區分資訊重點在子女**）

業務員：「你剛剛提到的和諧是什麼意思呢？」（**向上＋What**）

客戶：「就是我不在了，他們都覺得我很公平不要吵架。」

業務員：「那你目前為了這個擔憂做了哪些規畫呢？」（**橫向**）

客戶：「想說之後可以用信託或是寫遺囑吧。」

業務員：「用信託或是遺囑的目的是什麼？。」（**向上＋What**）

客戶：「就是提前做好財務分配和規畫讓他們覺得我很公平。」（**價值**）

業務員：「其實我有一位客戶也跟你有一樣的擔憂，後來我用保險幫他做了……規畫，一樣有提前分配的功能。」

客戶：「是喔，那你說給我聽聽看。」（**向下溝通商品**）

透過提問的技巧，讓客戶從保險與其他金融商品的利率比較中，往上找到客戶人生的價值，進而發現保險可以解決他的擔憂。保險受益人的功能可以解決他的擔憂，一樣都是保險，但是價值完全不同了。

突破客戶信以為真的盲點

業務員與客人聊天，希望透過聆聽、提問讓客人願意跟我們透露愈來愈多不為人知的隱私與想法，再透過區分與回應，一步步突破客戶信以為真的盲點，逐漸往周哈里窗的右下角推進。當客戶的盲點被突破時，業務員就愈容易找到商機。但你一定也碰過，有些客戶好像怎麼溝通都沒有用，因為他們陷入了我稱為「信以為真」的思想框架中，就算親友也很難打破。這時你可以在對話中用反問的方式去激發他們思考，才不會造成對話的對立，做法如下：

客戶：「你們台北人的保單都比較大。」
業務員：「有沒有南部人的保單也很大的？」
↓
有沒有＋非客戶針對的人事物＋客戶原本句子改疑問句？

案例

錯誤示範

客戶：「你們家的課程都好貴喔。」
業務員：「哪有？我們也很便宜好不好！你看看我的價格……」（**客戶覺得你跟他不同調，立場不同**）

正確示範 客戶：「你們家的課程都好貴喔。」
業務員：「有沒有別家公司的課程也很高價的？」（**突破信以為真，客戶陷入思考、區分與比較，進而回應其思考後的答案**）

與客戶**同步**之後，你能透過**聆聽**對方的敘述，了解他的目標和現在的位置，**蒐集**到關鍵訊息。再透過**提問**探尋對方明確的想法，**區分**蒐集的資訊類別、強度、真實意義（突破信以為真）。接著像照鏡子一般，如實反應對方所處狀態（**五感同步**），包含你聽到、看到、感受到的。最後，我們就可以進入雙向對話。

六、雙向對話

雙向對話的關鍵在於，業務員必須確實執行前面的五大步驟，以此為基礎才有可能展開有效的雙向對話。否則就是你講你的、他聽他的，永遠不會有交集。這裡主要是引導大家具備「有效溝通」的三大關鍵能力，包含建立人際信任能力、洞悉需求能力、專業規畫能力（圖3-7）。

- **人際信任能力**

✓建立品牌形象（穿對／說對／做對）：你可以透過加入品酒會、扶輪社等能增加日常生活的互動來達成。

✓強化客戶關係（懂得吃喝玩樂／觀察食衣住行）：高價禮品不一定是好的，像是把魚翅送給環保愛地球的客戶只會遭致反感。什麼都不缺的客戶，可以送給他有獨特性的商品。我在疫情期間就送給開工廠的客戶客製化酒精筆，他收到後馬上請我替他跟工廠下訂單，他要買來送給客戶和員工。

- **洞察需求能力**

✓參與客戶旅程（洞察愛恨情仇）：保險有一句名言，「沒有愛恨情仇就沒有商機」。了解客戶擔心的痛點，從表象的需求挖掘出最擔憂的痛點，以及知道客戶人生最終的價值，就有無限商機。

圖3-7 業務員必備三力

✓贏得客戶資產心占率（ＣＰＩ）一○○％：心占率是想到買保險就想到你，但看到你不會覺得你只是個賣保險的人。一○○％不是要一百位客戶都要愛我們一％，而是要讓每一位客戶都愛我們一○○％。

・專業規畫能力

✓透過日常互動取得人際信任、高品質對話洞察愛恨情仇，最後我們日常專業的累積就派得上用場了，真正可以從客戶的家門進到客戶的心門。雖然同樣是「對話」，但進入「雙向對話」時，業務員已邁進客戶管理層次。

技巧3：五大話題攻心術

優秀的業務員知道，沒有做到上面六個調頻互動步驟，無法引導消費者提高購買意願。對比搞不清楚狀況的業務員，一張嘴就說：「如果你死了或不小心殘廢，之後可以領到多少多少的給付。」將心比心的業務員明白，客戶不喜歡被針對，所以交談時就必須善用「故事」與「話題」。

賣保險的過程是一種「情境」，說「別人」的故事、談論能引起共鳴的話題可以讓客戶感同身受，甚至「對號入座」，所以故事與話題其實是打開交談的鑰匙。不僅如此，同時還兼具「投石問路」蒐集資訊的功能。

例如，你現在的客戶是一名中高齡婦女，你想探聽對方的婆媳與家庭關係，這時不妨講某客戶婆媳發生的故事，藉此推敲對方跟媳婦的關係融不融洽。如果對方說：「唉，何必這樣，人家嫁來我們家，應該感謝親家養大一個女兒，我們也要懂得珍惜別人家的女兒。」如此回應，表示婆媳關係不差。

至於什麼樣的話題可以開啟對方願意跟跟你聊天，這裡提供五大話題攻心術，其中前四項針對客戶端，第五項則針對增員對象，供業務員參考。

一、流行話題

目的：增加互動、個人在群組刷存在感
技巧：跟個人有關的星座、時事、公安事件、軟性消費資訊等等

現代人喜歡聊星座、社會議題、名人八卦，一來輕鬆沒有針對性，二來你可以從這些對話中看出每個人的不同觀點。而且不管是傳統見面聊天還是線上交談，這類主題幾乎都可以獲得回應。

不過，星座這類命理話題雖然容易開啟對話，但從星座話題引導到成交階段，這條道路遙遠且效率低，無法搔到癢處。像這種與星座有關的事物，我通常喜歡找參雜個人資訊

的議題，例如十二星座的小孩、十二星座的酒量，這種議題的回覆就比較有參考價值：

「對，超準的，射手座的小孩完全不受控。」

「沒錯，我就是巨蟹座的媽媽。」

「我就是酒量很差的那個星座。」

一張圖可以收到許多種回應，甚至有人很快對號入座，讓我們得知他目前是單身或是有小孩，而且是什麼星座。

在時事類的話題上，我盡量蒐集跟保險相關的新聞。這邊要注意，跟不太熟的客戶聊天，傳遞訊息的重點不要放在「商品」上，免得聯想到推銷，盡量採用剛性保險的新聞來引起對方互動。例如「航空公司罷工，購買旅遊平安險的旅客，回國後的理賠流程」、「最新汽車強制險理賠範圍」等。

有時配合連假，我會事先整理好一些出遊、消費資訊，像是兒童節十大優惠景點、母親節送媽媽禮物建議。平日我會將這些軟性消費訊息事先存在手機中，待節日快到之前貼出，一方面服務客戶，一方面增加個人在群組中的存在感。

二、共同生活圈群組

目的：透過社團管道取得想經營的客戶Line帳號，取得個人的Line才是經營的開始
技巧：透過團隊服務→取得Line→經營三個月→成交

共同生活圈群組是為參與不同社群或團體的人所設定，便於布達活動的大小資訊與事務協調。既然是生活圈，裡面的人員多半以有共同興趣為前提而加入，因此交流上務必釐清生活圈的核心價值，而不要為了職業方便亂推銷。如果該社團的性質你不熟悉，但又想積極參加活動，可以透過貼心與細心的服務來博取好感。例如，一同旅遊時主動幫大家拍照、整理照片，為大家留下難忘的活動紀錄。當大家都認為你的拍照修圖最好看，指名你來幫他們拍攝個人或團體照時，自然在群體中你已經經營出個人定位了。

還有一點必須特別注意，在社團群組互動聊天時，你不可以常常一句話或一張貼圖都沒有，卻在私下到處私訊別人。這種行為容易讓人有表裡不一的評價，進而對你產生戒心。如果你不知道怎麼聊天，可以時常分享社團相關資訊就好，當你的名字一直不斷在社群中出現，之後再去私訊他人，大家心裡就不會覺得「怪怪」的。

前面說過，取得個人Line是經營準客戶的開始。在經營之前，共同生活圈是讓大家認識及評價「你」的所在。擁有好的評價，後面再努力經營，成交絕對是必然的。

三、社群媒體動態感

目的：提高回覆率、觸及率、觀看率
技巧：增加個人ＦＢ貼文和ＩＧ動態，並觀察客戶和朋友在ＦＢ的動態

個人社群媒體的動態經營很重要，動態代表你的存在，網路用語就是「刷存在感」。傳統業務員大多喜歡約客人見面，因為面對面好交流，隨著線上經營客戶量大增，客戶一般看不到業務員的情況下，社群媒體就是「看到及觀察你」最好的工具。

想經營個人品牌，刷存在感是首要任務。業務員可以透過三大面向來增加動態感：

1 增加個人FB貼文及IG動態

第二章提到讓我ＦＢ人數快速增加的原因，是我發出的生活文符合受眾族群期待。因

演算法的關係，當ＦＢ的觀眾既廣且多時，自然會吸引更多人進來看。這時不只讓潛在客戶看到你的生活，也必須將自己的工作態度、你的人設植入他們心中。

不過，業務員如果為了經營工作形象而狂發工作文，除了對保險業有興趣的人之外，一般人可能沒興趣，ＦＢ「既廣且多」的特性就會消失。

2利用「二＋一」發文頻率增加可讀性

實驗後我發現，有效的空投發文必須平均以二篇生活、一篇工作交互調配（軟、軟、硬），讓生活中有工作，工作中兼顧生活，才可以將觸及面推得更廣。不過就像前面說的，線上經營是一場持久戰，這種發散、針對性低的內文比較空泛，所以你必須有技巧地把觀眾引導到保險層面。

3時時觀察客戶和朋友的ＦＢ動態

社群平台本意是分享，互動就該有來有往。業務員除了勤勞地在自己的社群媒體上發文，也要積極地與好友互動。當你看到客戶貼出分享訊息，記得去按讚、留言或私訊祝賀，同時也要在意客戶關心的事物，時時肯定加上讚美，自然而然就會提高客戶的回覆率。

四、生活資訊分享

目的：弱連結變成強連結
技巧：針對散戶客群嘗試不同生活主題來釣出他們的偏好

一般業務員會收集到的，大多是沒有共同生活圈的客戶，我稱這類型的客戶為「弱連結」，業務員可以藉由分享生活資訊來經營他們，例如分享美食、團購、邀請參與各類活動等。我會利用一些簡單的平台功能來增加互動，比如一篇簡單的吃餅乾圖文，寫下「@XXX做的餅乾也太令人驚艷了，入口即化」等心得，利用@功能連結糕餅店，很自然地和客戶維持互動。

我先生的同學從事有機蔬菜種植，是直送總統府、立法院國宴等級的高級農產品。由於產地直送，保鮮期比一般店家多十天，於是我在社群媒體發起團購，搭配美麗田園、新鮮蔬菜的介紹圖文，很快受到客戶好評。

辦團購的優點是，可以拉進很多準客戶名單，讓業務員快速進入SOP（Standard Operating Procedures，標準作業程序）經營流程。有機蔬菜老闆後來果然成了我的保戶，跟我買了車險、團險及個人保單。

再來，保險業有自己的資源，保險公司會定期舉辦一些名人講座及課程。我們曾邀請洪蘭教授來講授親子教育，有一些媽媽準客戶原本跟我不熟，但我提出邀約時她們幾乎立刻點頭答應。我們也曾邀請旅遊節目主持人Janet謝怡芬來分享旅遊經驗。就在我四處發訊息時，一位六十五歲的老師長輩主動聯絡我：「我要去！」我驚訝問：「你也知道Janet！」他回說：「我知道啊，我超喜歡她的。」

還有數不清的電影包場、書法、手作課程，皆可吸引不同層面的客戶與準客戶參加。我們在每一次活動的DM上清楚寫著「南山人壽——順橙通訊處」主辦，客戶也知道我在這裡工作，只要她們願意前來參加活動，表示不排斥進一步交流。長年下來我發現，很多準客戶原本跟我不熟，但只要參與過活動，彼此距離很快就能拉近。

這些生活資訊及各種活動舉辦，將客戶從遠處拉到我們面前，不單單空間距離拉近，心的距離也拉近了，是將弱連結客戶變為強連結的有力方式。

五、共同話題建立

目的：提高增員的機會
技巧：透過平常日的ＦＢ動態追蹤客戶日程

這一項技巧跟增員有關。比如之前我想邀請某人加入保險業，但對方的興趣不高，透過對方的社群媒體，定時觀察並與對方互動。有一天，我發現平日上班時間他在某電影院打卡，於是立刻Line對方：

我：「你怎麼在看電影？今天不用上班喔？」
對方：「我離職了。」
我：「離職後有什麼計畫？」
對方：「暫時沒什麼想法？」
我：「反正你現在沒事，我們也很久沒見，一起吃飯聊聊未來的工作計畫如何？」
對方：「好啊。」

關注社群媒體的發文近況，或是針對工作的抱怨進而了解對方狀況。只要交談中產生交集，那麼增員機會將大幅提高。

最後，我再額外補充幾個提升自我在客戶心中形象的方法，讓溝通過程更順暢，加速進入推銷階段：

- **透過聊事業和工作來收集各行各業的資訊**：把A的專業知識跟B分享，累積不同領域的專業知識與提升談話質量，客戶看待我們的角度就會不一樣。另外，貼近客戶會談論的話題，才能突破年齡、職業別的鴻溝。
- **提升自我專業來增加信任感**：我建議年輕夥伴可以先選擇一項行業內的專業來精進，以保險業而言，像是勞保、健保、職災、理賠等。透過聊天或是客戶的諮詢，將話題引導到自己的專業上，引發興趣，成交機率自然提升。
- **擁有團隊可以降低客戶的搜尋成本**：有團隊加持的業務員對高資產客戶有極大的吸引力，在對談中除了展現專業，也提及團隊可以提供哪些幫助，讓他們相信你擁有事業，不會輕易離開業界（因為有些行業特性，客戶會期待業務員可以服務長久）。

技巧4：整理Line客戶名單

傳統業務員面對二、三十個名單也許可以靠著記憶及見面互動，記住對方的長相、職業、買過的保單。線上工具雖然幫助業務員收集大量的名單，但面對上百、甚至上千的名單，就算記憶力再好也有出錯的時候。

線上經營講求效率，業務員若不能在第一時間辨別對方是誰？彼此做過哪些互動？容易給客戶留下「不值得信任」的觀感。如何在茫茫人海的名單中清楚分類客戶，就是本章要講的重點。

靠「互動」而不是「感覺」來區分客戶

我以「互動」程度來分類客戶，將客戶經營分為D、C、B、A這四種層級，這些分類的標準不是憑「感覺」設定，全看彼此「互動」來判斷。感覺會騙人，但互動是真實的，唯有理性分類客戶名單，經營的效率才會提高。

像是業務員經由FB成立的小學同學社團，找到了很久沒聯絡的同學們，他想經營某位過往比較熟的同學，「感覺」好像不太難，但進入Line的聯繫階段後，對方幾乎「已讀不回」。雖然是認識的小學同學，但彼此「互動」趨近於零。這類客戶頂多在C級、甚至更傾向考慮放棄的D類客戶。新手業務員可以考慮在準客戶名稱前加上互動層級來掌握情況，等賣出商品後再刪除，改以商品代號為主。老手則依個人習慣就好。

- **D級（低傾向）**：傳任何訊息對方都沒有任何回應。不是「不讀不回」就是「已讀不回」，彼此之間難以升溫，一直處於〇℃無法加溫，可列為留置查看，不用花時間在他們身上。不過有時業務員也可能誤判，所以不必刪除名單，或許這類客人突然在某天「主動」傳訊息，出現「起死回生」

的機會。

• **C級（中立傾向）**：每次傳訊息會有些回應，但大多以「謝謝」或是「貼圖」回應。也許是基於禮貌，但一點點的回應也表示對方沒有強烈討厭你，彼此溫度可能在二〇到三〇℃，屬於可以長期追蹤經營的準客戶。

• **B級（高傾向）**：線上互動有來有往，經由線上聊天，你知道對方的職業、家庭、喜歡從事的休閒活動、金錢觀……。跟你買過一次保單的客戶也是B級起跳，彼此互相認識，溫度大約六〇℃，是可以繼續經營再購的客戶。

• **A級（鐵粉）**：這類客人已經成為你的鐵粉，會跟你分想自己的心事或私事，線上互動活躍度最高，購買保單的意願及含金量也高，而且有些甚至熱心地幫你轉介紹客人。彼此之間溫度趨近於一〇〇℃。

大部分的業務員名單中，C類客戶占大宗，B類被我視為擁有「市占率」的「沉睡客」。沉睡客戶是指曾經是你的客戶，但已經一段時間沒有發生再購行為。搖醒沉睡客戶是降低開發成本和節省時間最好的辦法，A類客人則是從「市占率」走向「心占率」的忠誠客戶，擁有不可動搖的忠誠購買迴路，只要是你介紹的保單，基本上都會成交。

客戶分類完之後，接下來就是分類險種。為了在商品推銷時省時省力，除了分級客戶關係之外，業務員也必須清楚知道該客戶買了哪些商品，並透過這些分類，定時定量傳送符合他們的資訊，以下是我的Line名單分類方式：

①關係

②商品

③中文姓名

（①）＋（②）＋（③）＝完整的客戶名稱

①必須清楚顯示你與客戶連結源於九宮格的何處。你可以設計一些簡短標示來速讀。例如，以M表示同學。同學的範圍涵蓋從幼稚園到大學時期認識的人或相關者，包括學校的校工及教職員等。如果同學已經結婚，他的另一半也是以M來表示。F表示家人、親戚及另一半的家族成員。G表示一起參加社團的社友。同樣地，社友的配偶或認識的人也是標示為G。

②則是標示出客人跟你買過哪些保險商品。例如，C是台幣保單、CU是美元保單、CUT是投資型保單；以圖來表示的🚗車險🔥火險。另外補充，除了商品之外，我還會在此項加上正在增員的標示，A表示準增員名單、AA是進入深度面談（包括公司制度、薪水、福利等）的準增員名單。

③則是客戶本名。Line的設定名稱百百種，有人用英文名、有人自稱孩子的媽媽或爸爸。不管他們的名稱是什麼，在整理客戶名單時，一律改成客戶的中文本名。

（①）＋（②）＋（③）之下，在Line的好友名單上可以看到這樣的顯示：

- （客戶圖像）【F 🚗 C—黃明楓】。看到這樣的標記，我馬上可以讀出黃明楓這位客戶是我的親戚，他在我這裡買了車險，還有台幣保單。
- 如果標示是這樣：（客戶圖像）【M 🚗 🔥 CU—黃明楓】，表示黃明楓是我的同學，跟我買了車險、住火險，還有美元保單。
- 如果標示這樣：（客戶圖像）【G 🚗 AA—黃明楓】，表示黃明楓是我的社團同好，跟我買了車險，並且是我面談過公司制度的準增員名單。

這是整理名單的基本概念。另外有個小提醒，客戶關係是動態的，當準客戶跟我買了保險，我們之間的關係就會改變，我會把代表①的關係：M、F、G拿掉。從（客戶圖像）G－CU－黃明楓，變成（客戶圖像）CU－黃明楓。表示黃明楓是我的美元保單客戶。尚未成交之前的關係很重要，成交之後就會進入客戶群的售後服務循環。由於我的CU客戶非常多，為了售後服務的效率，每當傳跟CU相關的訊息及新聞時，那些M、F、G的代號容易干擾關鍵字「CU」的客戶搜尋，為求方便，所以把關係代碼拿掉。

這樣整理名單的好處是，業務員在線上經營時聚焦清楚，傳訊息也可以藉由Line的收尋系統，一次傳到位。例如跟汽車保險相關的訊息，只要搜尋汽車圖案，Line會快速跳出手中買車險的客戶名單（圖3-8），照著名單一次投遞，可免去搜尋的時間。

很多人可能有疑問，這樣客戶名單不就長長一串。我的做法是，不會刻意標示客戶層級，特別是高端、鐵粉客戶，這類客戶不多，大約只占二成（這類客戶我已經放在心中）。而且客層或關係跟售後服務也沒關係，所以只要標示出商品就好了。也有人問，想要增員又想賣商品給某人，要怎麼標示客戶名稱呢？這裡有一個重點，先確定你把這位準客戶定位在哪裡（你「現在」要對他做什麼？），用那個代號表示就好。如果你想先賣他商品，熟了之後再增員，那就先標示客層或關係就好。

最後，不管是哪種級別的客戶，保險服務都一樣，差別只在A、B級客戶的禮物需要客製化。

圖3-8 車險客戶Line搜尋

從弱連結到強連結

弱連結到強連結的經營過程，代表業務員將一個個分散的人脈，經營成自己的客戶、甚至是鐵粉，這是保險銷售的加溫過程。對業務員來說，人脈經營不僅影響業績，還關係著聲譽口碑。因此，掌握此技巧是業務員生存的關鍵。

以前思維是，每天工作八到十小時可以做到百萬圓桌的業績，一個人加倍工作，頂多做到加倍業績，沒有辦法突破框架的侷限。現在我思考的是，有沒有辦法讓業績成長五倍甚至十倍？過去要拜訪客戶才能維繫彼此之間的強連結，線上經營要如何更拉近彼此身心上的距離？

簡單來說，就是不斷「互動」，讓客戶覺得你一直在他周圍關心著他。「心」的距離要拉近，你必須在線上反覆使用下面二種方式不斷給予客戶刺激，讓他們回應你：

①培養及開發自己的想像力，讓內心持續產出許多「小劇場」，利用某些情境故事來引導客戶回應你的需求。

②習慣不時的「自說自話」，培養出「沒事找事做」的能力，只要客戶有回應，哪怕只回傳一個「謝謝」貼圖，都是一種好的互動開始。

「數大便是美」，這是線上經營的關鍵。還記得前面提過一〇：五：三：一成交比例原則嗎？線上經營的確能讓業務員每個月都有收穫，而且成交件數比傳統經營還要多。但大前提是長期經營的弱連結數量要夠大，否則以成交比例原則來看，強連結的人數可能比傳統經營還要少。

試想，業務員若只經營甲與乙兩位客戶，定時定量與甲和乙傳訊互動，讓他們成為鐵粉和自己的人脈，形成強不可破的連結。但業務員不能永遠只顧甲與乙，如果只一心照顧甲與乙，那麼業務員早晚會因缺乏業績而陣亡。除了甲與乙，還必須「同時」開發丙、

圖3-9 有一搭沒一搭，挑客戶經營

成交人數少且不穩定

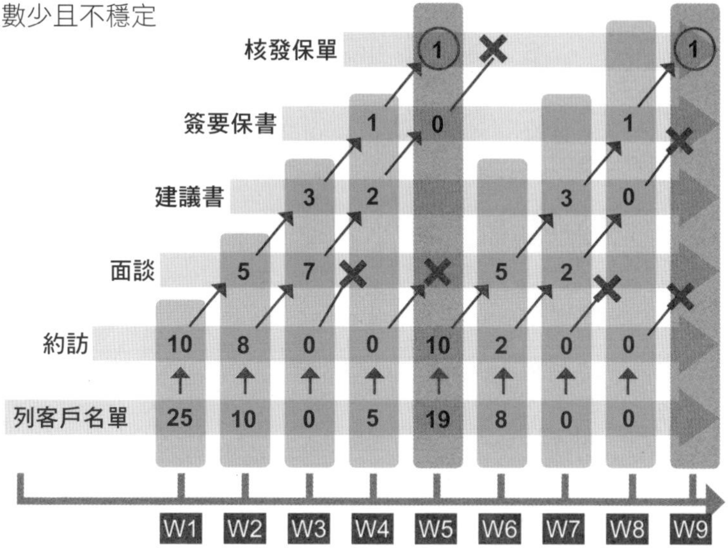

圖3-10 按部就班，規律經營

成交人數多且穩定

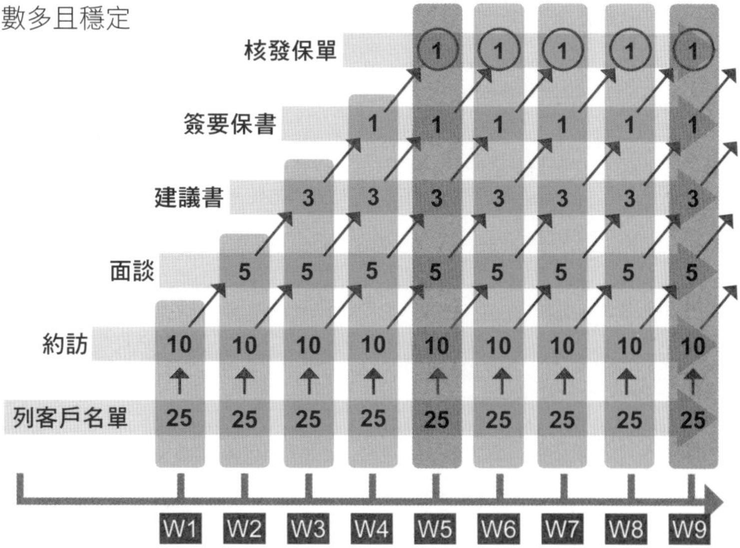

丁、戊、己……等更多客戶（圖3-9、圖3-10），才會一直有收成。

串聯強連結效應

疫情時我曾思考在三級警戒出不了門的情況下，如何協助夥伴獲得更多的潛在客戶，並將潛在客戶（弱連結）經營為強連結，因此我嘗試以線上說明會的方式來擴展業務（圖3-11）。去年六月與七月我分別舉辦兩場串聯北中南三地的線上說明會（圖3-12），邀請已經在線上互動過的客戶參加，參加線上的準客戶遍布北中南，光是來賓人數就超過二百人。

最後，光是我們通訊處六月的投保裡，有一半是中南部生活圈的客人。表示線上運作可以走出距離的限制，讓原本非生活圈的弱連結客戶邁入強連結階段。

這裡也分享線上說明會的三大注意事項：

① **定位清楚**：發出去的文宣必須清楚說明保險商品。網路時代講求效率，不需要過度文案包裝或美化，誠實誠懇的目的反而更能贏得好感。而來賓願意線上參與就是有意願進一步了解，或是有意願購買。

② **時間不宜太久**：控制在一小時內。時間一長聽眾容易疲累，甚至壓縮他們接下來

已安排好的行程。「見好就收」的效果，通常比拖到最後冷場為佳。

③ **掌控內容：**流程緊湊，從主持人開場介紹、主講人解說商品，到最後與來賓互動的快問快答、有獎徵答等，按照進度不拖延，讓氣氛在歡樂中展開及結束。

當客戶名單愈多，愈需要有效率的經營方式。線上經營客戶數倍增，懂得如何分類客戶能讓工作更輕鬆。

圖3-12 線上活動DM

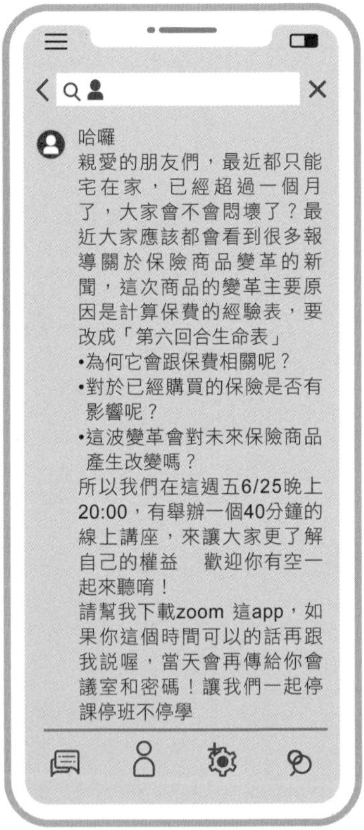

圖3-11 發送的LINE訊息

技巧5：轉介客源

各行各業想要永續經營，需要的是源源不絕的客戶。轉介紹客戶的好處在於，經營起來比陌生客戶更容易快速升溫。他們在接觸你之前，早已聽過你的評價，彼此互動溫度起碼從六〇℃起跳，比起陌生客的〇℃來得容易熟識。

以線上經營來說，要做到「見面即成交」完全不是夢。如果業務員在專業及服務上獲得對方信賴，「口碑」行銷的強度足以讓業務員在這個行業上走得更遠。

只是一般客戶不會因為認識你就隨便轉介紹親友給你，會幫忙轉介紹的，通常是你的A、B級客人，不是鐵粉客戶，就是曾經跟你購買、體會過你專業服務的客人。他們跟你交往多年，清楚你的為人和專業能力才敢介紹。

從另一個角度思考，哪些業務員會有轉介客？傳統做法上，業務員鞏固客戶必須靠著定時電話聯絡，偶爾見面喝咖啡聊天，年節生日時寄上卡片、小禮物祝福，讓客戶感受到你的關心。換成線上經營，能有轉介紹客人的業務員，必定是「空戰」及「地戰」都經營得當而產生的後續延伸。

案例

轉介紹過程

我有很多轉介紹的客戶，常有這樣的狀況：某天突然有人私Line我：「明楓，我有保單資訊可以請教妳嗎？」一開頭就如此客氣，真是受寵若驚。

我：「沒問題，請問是誰介紹妳來的？」

對方：「一位朱小姐。」（**頓時我腦中跑過好多朱小姐，還是不知是誰？**）

我：「是做什麼的朱小姐？」

對方：「是Julia。」

我：「她怎麼會介紹妳來呢？」

對方：「她說妳服務很好。」

朱小姐的確是我的客戶，但自從成交後再也沒見面。那我做了什麼讓她念念不忘？其實就是線上保持定時聯絡、投遞資訊、年節寄賀卡罷了。可見對客戶「定時灌溉」很重要。

轉介客常因自身保險需求而主動聯繫，省去業務員耗時聊天的過程，直接進入保險主題，可以快速做到「遞建議書」的階段，只要再經建議書溝通與修改，接下來就是簽約成交。

經營一個轉介紹客戶的時間成本，只需要陌生客戶的三成，而且配合售後追蹤服務，成為鐵粉再購保險商品的可能更高。一旦鐵粉形成，他們又會再熱情轉介其他客戶，業務員如同採葡萄，只要拎起一根莖，就是一串果實，永遠有源源不絕的客戶。

剛入行的業務員，不要一直妄想出現轉介紹客戶，反而要好好苦練基本功，只要基本功夫做到扎實，兩大戰場做好做滿，轉介紹的客戶自然會出現。我也想跟新進的業務員釐清幾個觀念：

①不是你認識我，我也認識你，你就會跟我買保險。

②不是一直送禮物給客戶，他就會買保險。

③不是一味付出就有用，而是去思考你提供的服務對客戶來說有沒有用。

④不要因為客戶跟你很好，就覺得可以鬆懈沒關係。

業務員在對待客戶上面永遠要做到：

①先交朋友：保險推銷常識，不要一上門就推銷，先聊聊天認識彼此。

②有方法且有效率的經營這些朋友：利用ＦＢ和Line勤勞互動。

③信任、信任、還是信任：確實讓對方感受你的品格、承諾及兌現。

④用心：Line工具可以接近對方，但並不是用心的展現。

⑤人脈連結：多利用上一小節的內容，將弱連結變成強連結。

⑥善解人意：永遠要比別人多做、多想那麼一點點。

⑦讓客戶依賴你：把客戶隨口問的問題記在心裡並積極回覆，讓客戶養成習慣一有問題就找你。

另外，每次幫客戶規畫保險後，不要忘記請客戶轉介紹，你可以試著詢問：

「我們今天這樣規畫你會不會覺得很安心？」

「你的身邊是否有像你一樣背景（剛結婚、剛生小孩、剛買房子、或是想了解自己保障）的人？也可以讓我為他服務。」

「這兩次的見面聊天，你常常提到你姊姊，（指定轉介紹，由平日所蒐集的資料做為激勵），你覺得他會不會也跟你一樣想要了解自己目前的保障和醫療呢？」

這樣詢問客戶可以讓他們回憶整個成交過程，若客戶感受良好，他會銘記在心，同時也提醒他們，是否可以轉介紹客戶給你。

第4章

實戰篇——經營客戶端

步驟1：剛性→彈性保險商品

隨著線上混合線下的經營發展，很多新手培訓手冊內容早已過時，導致業務員線上推銷商品經常手足無措。比較沒有殺傷力的做法是，先從「剛性保險」服務開始，再依需求提供彈性保險商品。

前面說過，人身保險是「隱性需求」，客戶沒有開口說需要之前，業務員不要主動跨過推銷的界線，以免得客戶產生戒心。那到底要等多久，客戶才會主動開口呢？總不能無止境的等下去吧。業績壓力、內心焦慮非常容易磨蝕新手業務的自信，他們需要「小試身手」的操練，而剛性保險正好符合這樣的機會。

剛性保險是指業務員不需要創造需求，客戶本來就會主動購買的保險類別。車主需要買汽車險、屋主需要買住宅火災險、出行旅遊要買旅平險等。這些險種多半一年為期或是一段時間，需要每年或每次重新購買，而且保費也不高，每家保險公司推出的方案更是大同小異，客戶的忠誠度也不高。因為跟誰買都沒差，當業務員主動跟客戶提起，也不容易遭到打槍或破壞交情。

而且，剛性保險在買賣操作上相對容易，不管跟客戶線上傳訊息、打電話或見面聊天，都可以主動詢問或觀察客戶有沒有開車，幾乎不需要對話技巧，可依照對話情境起個頭開始閒聊，像是「你是開車來的嗎？」「你有車貸嗎？」「你平常都搭什麼交通工具上下班？」自然而然產生對話：

業務員：「請問那是你的車嗎？」（你看到客戶從一輛車子走下來跟你會面）

客戶：「對啊」。

業務員：「你常開車嗎？還是都搭大眾交通工具比較多？」

客戶：「因為我公司比較偏遠，開車比較方便。」

業務員：「是喔，那你車險什麼時候到期？」

客戶：「好像四月或五月。」

業務員：「要不要拍行照給我，我幫你輸入我們公司的保險報價系統，快到期的前兩個月，系統會跳出來提醒，我報一個價錢給你參考、比較看看，有需要再跟我買。」

一般來說，業務員不會把太多心力放在剛性保險上，一來金額小，二來這類保險忠誠度太低。但不要小看剛性保險的潛力，在經營C或D級客戶時，連「小」保險都能服務認真、周到，客人與你之間就能發展出一條隱形的連結，再繼續推銷周邊次要剛性需求給他們，慢慢地再變成彈性需求（退休規畫、買房基金、醫療險保單等等），日後你有很大機會增強此連結（經營成強連結，也就是A與B級的鐵粉）。

雖然只是簡易保險，但須具備的專業卻沒少，新手業務員在接觸客人之前，務必熟讀每一項保險條文，找出一般人沒注意到的重點，整理出自己的筆記及圖文，方便在接觸客人時隨時丟出分享。

例如，汽機車主一定要買強制險，除了強制險外還有第三人責任險、超額責任險、駕駛人責任險……，光是這些險種的內容，一般人很難搞清楚。只要是客人沒注意或不懂的資訊，但業務員覺得非常重要，一定要搶在客人主動詢問之前告知。

說明這類資訊時可以多多利用線上操作。我固定在手機裡儲存「汽車強制險理賠範圍」「你不知道超額責任險」等圖檔與新聞，傳給有車險需求的客戶，一方面可以做為業務服務，另一方面可以視為定時定量的互動。而業務員也必須理解，這些內容通常客戶不會細讀，所以不要因為客人不讀事後又來問你而心生不耐煩，這只是我們與客戶接觸和互動的工具而已。

案例

「汽車強制險的涵蓋範圍」互動情境

業務員整理資訊後告訴客戶：「其實強制險理賠的內容有包含住院、膳食，還有往返醫院看診的交通費，交通包含計程車，只要留下收據證明，就可以跟對方的保險公司申請賠償。」

客人多半這樣回應：「真的假的，我都不知道。現在知道了。」（**這段期間定時定量丟一些車險的相關資訊來刺激、喚醒客戶需求**）

一些客人會再提問：「那駕駛人傷害險重要嗎？有需要購買嗎？」

業務員：「如果你沒有個人保單，那這個一定要買，要不然你受傷了誰賠償你？強制險與第三人責任險都是賠給對方。不然你拍自己個人的保單給我看一下，我再告訴你要不要買？」（**藉機可以檢視客戶目前的保障內容**）

光以車險為開端的聊天，就能收到好多訊息，而且客戶也不會覺得不舒服，這就是從剛性保險切入的好處。

案例

從剛性需求切入，逐漸況大客戶需求

我有一位開高級跑車的車險客戶，有機會服務他是因為許多保險公司不承保這類車款，碰巧我任職公司承保。我們做了一年半的Line友，每次車險快到期時，我會傳Line提醒他別忘記繳費，偶爾也傳保險相關文章給他。

經營這位客戶一年後，我主動詢問他：「除了車險以外，你有買其他保險嗎？」

對方：「沒有，我覺得有機師團保就好了。」

雖然被拒絕，我還是持續與他線上互動。又過了半年後的某一天，我突然接到客戶的訊息：「我覺得我好像應該買保險了。」

我：「你不是說有團保就好了嗎？」

對方：「最近看到有同事因為生病住院開刀，人生好像不只有意外，還會生病。」接著他又問：「我這個年紀的保險費率高不高？」

於是我幫他做醫療險規畫與試算，然後第一次正式見面就完成簽約。

這兩個例子都是從車險開始和客戶互動，然後慢慢在互動中給予保險觀念，最後進入到保險的主戰場。車險可以，住宅火災險也一樣。有業務員說，不動產的住火險都是跟貸款銀行合作的保險公司綁在一起，根本沒機會。話是沒錯，但別忘了，還有許多客人已經繳完房貸卻仍需要買住火險，只要有需求，業務員就有服務機會。

我有一位客戶，手上擁有六間不動產都沒有貸款，但這些不動產每年都必須買住火險，如果業務員不主動積極詢問，是無法發現這些潛在客戶，更別說把他們變成自己的客戶。購買剛性保險很容易，找不找業務員都沒差，每家保險公司也提供線上試算，以至於許多人說不出自己的業務員是誰。但只要服務夠周到，想搶單真的非常容易。

雖說生活e化程度愈來愈高，但多年服務下來我發現，自己線上購買剛性保險的客人還算少數，主要原因在「資訊差」。

當個人「資訊差大於零」時，要他們線上看一大堆資料，然後據此評估自己是否要加購其他保險，他們寧可選擇找業務員幫忙。至於「資訊差等於零」的人，他們在線上投保前，願意花時間做足功課，線上投保時對保險已全盤了解或定見。從事保險業務多年，我的客戶會上網買車險的不到五人，幾乎都是愛車又愛買車的專業戶，對於各種車險種類知悉甚詳，十幾萬的車險買下來照樣氣定神閒。

反觀很多客戶仍需要我們服務。只要客戶跟你買了剛性保險，他們就從準客戶正式變成你的客戶了。

全險拆分，分次達標

第二章說過，線上或線下經營客戶的本質不變，只是多了幾種工具來增強集客力而已，然而銷售模式上卻有極大的差異。

以傳統銷售來說，在銷售保險商品時，只要客人已經有意願，業務員可以在二小時內跟客戶清楚講解商品，一次性溝通複雜的商品或提出完整配套方案，回答客戶種種疑問，最後說明、成交一氣呵成。這是見面銷售的優勢，業務員看得到、也感受得到對方的狀況及意願，得以在掌控交談氣氛與節奏下，一步步朝向先前已經模擬設定好的目的地走。

線上銷售就不一樣了。業務員追求的「Total Solution（整體解決方案）」銷售變得困難重重，線上藉由圖片、文字說明，業務員光是花時間整理重點、思考文字表達就已經是件苦差事了。若暫且不說業務員是否掌握圖文銷售的能力，單以客戶能否在線上得到正確資訊、搞懂商品內容也是個大問題，種種因素延長了線上成交的時間。

以正常零歲的孩子來說，「全險」包含醫療、意外、重大疾病、癌症、住院、實支實付……，加總約有九大險種，如果僅靠線上說明，對於少有買保險經驗的客戶，很難一次理解透徹。九個險種要一一清楚說明，線上溝通還沒談完，客戶可能就失去耐心了。現代人誰也沒有那麼多閒功夫，想要線上銷售「Total Solution」根本不可能。

基於操作的限制，我嘗試換個角度思考，社群媒體的優點是簡單、迅速、輕鬆，可以在短時間內抓人眼球，因此最適合處理簡單、單一商品銷售策略。這是一種「**化整為零**」

「**分開銷售**」的概念。業務在銷售上，一次只談一個險種，用一次又一次的成交與服務，慢慢引導客戶將其他險種補買齊全，最後達到購買「Total Solution」的目的。

舉我一位客戶的購買過程你就知道線上成交如何複雜。這位客戶在網路上看到兩項長照險商品資訊後考慮購買，但她不理解這兩項商品規畫有何不同。於是她線上Line我，我將二者比較與解釋：雖然都繳二十到三十年，但前者有退還保費，後者沒有，這種做法各自優缺點是什麼？發生風險時各自的賠償是多少？打字解說完客戶還是難以消化。

於是我先打出建議書傳給客戶看（製成圖示說明），然後Line說「我再打電話跟妳說明」。最後我給出了建議「這個長照險規畫比較適合妳，因為妳的工作性質關係，這種理賠方式比較用得到，也比較實際」（電話說明）。「好啊，感謝隨問隨到，這樣我們約下禮拜二見面。」客戶回。

出現「禮拜二見面」的字眼，等於是成交的關鍵字。果然，星期二見面對方就簽約購買。沒隔幾天，我又收到對方傳來她先生的基本資料，表示她也有計畫讓先生買保險。

上述的成交過程，藉著文件資料、圖片、來回打字討論加上通話輔助，時間延續好多天，過程也很複雜。

不過換個角度想，一旦你線上成交一位客戶，之後其他保險商品、商品的售後服務，一台手機通通可以搞定。而且客戶很容易進入再購的忠誠迴路，讓業務員永遠有事做。不管是與客戶的定時定量互動、遞建議書，或是計畫補足保險缺口，自然會形成一個持續耕耘及收穫的循環生態。

「化整為零」的線上銷售方式，以人體來解釋，是先管理客戶的腦，再經營客戶的四肢，最後抓住客戶的心，一種從客戶「市占率」走向「心占率」的方式。

總之，線上溝通無法複雜，從傳統走到線上，業務員必須改變「餵食」的方式，將保險商品拆解成不同區塊多次銷售模式，這也是下一個章節的教學內容。

步驟2：定時定量聯絡與互動

保險要做到優雅，每個業務必須走過①勞力增客；②將名單變為客戶；③再將客戶經營成鐵粉；④鐵粉為你轉介紹；⑤打出口碑才有個人姿態。沒有名單說什麼都是空談，所以本節我們來談業務員要如何維繫客人、保持互動，進而促成交易。

定時聯絡

不管是傳統做法還是線上操作，在定時聯絡的時間單位都一樣，只是傳統做法主要只靠電話聯絡或見面，線上則是輔以社群媒體傳訊息。

表4-1 定期聯絡頻率

A級客戶	4週1次
B級客戶	6週1次
C級客戶	3個月1次
D級客戶	2個月1次

前面說過，區分A、B、C、D客戶以溫度與互動頻率來判斷。不過很多時候，從客人的行為就可以看得出來他處在哪一個等級。電話永遠打不通、打過去總是人不在、訊息從已讀不回變成不讀不回，這些行為馬上可以判定客戶屬於D類。另外，說沒幾句就快速掛斷、除了重點其餘不談、經常已讀不回只會偶爾禮貌問候，這是C類客戶常做出的舉動。那些不時會跟你分享一些別人不知道的心事，或告訴你自己懷孕了等私事，屬於B類客戶。A類客戶則常是你生活圈中的親友，還會幫你轉介客戶。

業務員必須定時定量的經營，不斷衡量四類客人的溫度高低，努力讓低溫走向高溫，將高溫客戶變成鐵粉。

有一個思維陷阱要小心，還在勞力階段的業務員，評估完客戶等級後，千萬不要執著及投入太多時間在C與D級客戶身上，當你發現跟他們談保險的可能性非常小，趕快尋找下一個客戶（第二章有教FB空戰大撒種子，如果你操作得當，應該可以從其他有機會的種子展開互動），業務工作已經忙碌不堪了，如果投入過多時間又無產值，壓力會讓人喘不過氣、甚至求去。業務員的時間有限，在時間分配上A與B級客戶值得更大的經營比例（表4-1）。

但是，保險業有所謂的「主任症候群」，指某些升級為主任級的業務員，他們的焦點只擺在經營A級客戶，眼中除了A級客戶就沒有其他。只不過每個人的A級客戶畢竟比例少，一旦機會落空且沒有經營其他級別的客戶，壓力與危機就跟著來了。過與不及都是問題，尤其到了線上經營時代，各級「通路」一定要更多更廣，才能創造不斷定聯的活動量。

傳統面談一天最多也只能拜訪三到五位客人，所以如果還沒到推銷商品的階段，就要定時聯絡保溫。雖然基本掌控聊天主題、內容，並從中蒐集有效資訊的技巧不變，但比起電話聯絡、實體見面，線上操作更輕鬆簡便，定時問候、扣緊時效丟出五大類的話題（參見第三章五大話題攻心術），然後等待客人回應及互動，也一樣可以提高溫度。

至於約見客戶，當然是等客戶有意願買保險時再約訪，這時候與客戶見面，不但有機會進一步實體交流，更有可能一次成交。

記住，保持活動量是業務員的基本功，積極自律的業務員，必須做到每週定時聯絡

A、B、C、D客戶名單。下面將重點說明線上經營客戶的重點。

定量餵食

除了電話或傳訊息定期聯絡外，線上經營客戶務必要定量「施肥」跟「翻土」。這裡的施肥，是把「訊息」視為滋養客人的「肥料」定期澆灌。而翻土則是適時丟出問題給客戶，主動尋求互動。新手上路難免抓不到重點，將訊息亂傳一通，結果當然造成反效果。所以我這裡分享這兩種小技巧。

1 施肥是為了營造貼心與專業形象

我把肥料分兩種，一種為「軟」料，另一種為「硬」料，加起來就是既有養分又含趣味的訊息。

- 軟料：舉凡跟生活與權益相關、報稅提醒、口罩預訂、快篩試劑購買、兒童樂園優惠訊息、旅遊展的優惠票等。

• 硬料：談長照議題、更新車險規範、美元匯率、邀請客人做問卷或是直接談商品。

施肥過程中，業務員不可以心存偏好。因為一直傳硬料，生硬內容恐遭客戶封鎖。持續給軟料，客人或許認為你很貼心，但是當他們有保險需求時，沒有建立專業形象的你可能慘遭遺忘。

最好的施肥方式，就是定期定量「軟硬兼施」，這點跟之前FB發文的原則一樣。以「軟+硬+軟+硬」或是「軟+軟+硬」的節奏，讓客戶覺得舒服，又感覺你一直存在。

剛開始施肥時，業務員可能覺得某一畝客戶田異常靜默，但千萬不要被尷尬打敗，大原則還是「堅持做下去」，遲早有一天你會發現，客戶在你施肥灌溉下，開始冒出一點點的芽了。

我曾經跟一位客人定時聯絡、定量傳訊，一年半來我總覺得自己在跟空氣說話，但某一天客人突然回應我：「長照險是不是要改版了？意外險現在是不是變便宜了？現在是不是沒有儲蓄險了？」當客人出現「問題」，幾乎就是有需求、甚至成交的徵兆。

還有一位客戶，也是經過好長時間的灌溉，某天突然Line我詢問保險的問題。原來客戶因為去某銀行開戶被行員推薦保險，因為平常「感覺」我一直都在身邊圍繞，看到商品，腦中就浮現我這個人，最後我完成了一張期繳二萬美元的壽險保單。

2 翻土是主動尋求互動機會

除了灌溉施肥，業務員也需要「翻土」客戶。線上傳訊息常見的情況是，業務員傳出訊息後，客人可能禮貌地回了一張貼圖，然後就沒下文了。不翻土怎麼知道靜默之下的狀況，所以業務員必須適時打破這種靜態規律，嘗試繼續跟客人聊下去。不用擔心不知道聊什麼，因為剛開始閒聊不能提及商品，所以天馬行空的聊天就好，或者從客人FB的發文找話題：「我看到你最近換了工作，怎麼突然想換工作？」「我看到你自己做蛋糕耶，好厲害。」「我發現你在追那部韓劇，好不好看？」（重點是要用「問句」）

當互動開始頻繁且能夠深入對話，可以運用第三章「聚焦互動六步驟」與客戶互動，慢慢開始談及保險商品並提供他們所需的服務。

鐵粉與心占率

保險業前期賺的是勞力財，業務員挨家挨戶拜訪、網路空投定時傳訊，尋找廣大客戶是主要目標。業務員可不要小看這些基本功，所有靠勞力建設出來的基礎，正是口碑與品牌累積的重要地基。業務員想經營出自己的「品牌」，關鍵就在業務員有沒有「鐵粉」。

前面提到的心占率其實就是「鐵粉」，業務員必須先擁有大量的客戶，再從客戶中經營出鐵粉。沒有鐵粉就沒有轉介紹，要做到轉介紹，才有品牌力。因此業務工作必須從「業務力」走到「品牌力」。

有許多做了一、二十年的業務員，他們銷售商品仍非常辛苦，仔細檢視會發現，他們缺乏將客戶變成鐵粉的能力，所以做不出個人品牌力，持續停留在勞力階段。

鐵粉在業務員的客戶分級中屬於A級，與業務之間心的距離最近，彼此之間溫度也最高，鐵粉溫度通常維持在六〇℃以上，可以說是**信賴程度最高**、**銷售時間最快**，**或是含金量最高的一群**。鐵粉通常分為兩種，一種是「**拚質**」型，另一種為「**拚量**」型：

- **拚質型**：屬於含金量最大的高端型客戶，經營重點在「深度」。

• **拚量型**：一次成交金額不大，但活躍度非常高，「再購」意願也最強，三年內購買十張以上的保單都有可能，經營重點則放在「廣度」。

初期跑業務的時候，我曾製作問卷調查來開發陌生客戶，主要協助客人健檢保單。那時我認識了小華（匿名），我們其實只聊過一次天，彼此還不熟。有一天小華傳真一份保單請我提供一些專業意見，「我女朋友因為預算不多，想買XX保險公司這份月繳只要三千元的保單，但我覺得這張保單感覺設計不太好，妳比較專業，幫我看一下。」傳真上這樣寫著。

我仔細看過後給出意見：「如果依照你女友的預算，不能這樣規畫，應該買這份保單。因為……她應該是……」後來他女友照著我的建議，跟我買了保險，隔年小華自己也跟著買了一樣的保單。然後他又介紹他姊給我。

多年下來，只要我推薦和規畫保單給小華，他幾乎都非常認同。我發現他很有保險觀念，溝通上也很容易聚焦。在女友、姊姊都成為我的客戶後，他又介紹他姑丈跟我買保險。然後又來問：「我爸爸有一筆錢，可否用來規畫醫療險？」於是我又依照對方需求，將這一筆錢依照他的規畫轉成保單。

除了家人外，小華還介紹一位同事跟我買車險，之後又買了保險。同事又介紹另一位宗教同好跟我買重大疾病險。

「你身邊信任你的人好多，要不要乾脆進來做保險？」有一天我問小華。「我自己也做業務，收入不錯，我每個月需要有這份收入，所以現在不敢離職。」小華拒絕後接著說：「不然我叫我女朋友來做好了，她在一間公司當會計，薪水不怎麼高。」

女朋友原先沒有同意，但兩人在結婚生子後，太太留職停薪在家照顧小孩，期間開始思考接下來若想繼續工作又想兼顧小孩，具有彈性時間的工作好像比較適合，於是我建議她：「要不要趁這個時候先來做做看？」這次她同意了。

多年交流下來，小華成了支撐我保險事業的鐵粉，我非常感恩他，但他總是誇我：「妳真的好厲害，我介紹這麼多客人，每個都跟妳成交。」我說：「不是我厲害，是他們都信任你，我才有成交機會，你才是真正的關鍵人物。」

業務員想收到轉介紹的客人，必定先經營出「鐵粉」來。有了鐵粉就不用發愁成交件數，便可以愈做愈優雅。擁有忠誠度鐵粉的另一項優勢，是他們樂於轉介紹客戶給你。只要轉介紹客戶持續不斷，就能逐漸累積出口碑與個人品牌。

「鐵粉」如何判斷？我的判斷比較像是，當客戶跟我說他要買長照險，我回說：「我現在出差不在台灣，如果不急等我下週進公司再傳建議書給你。」客戶反而說：「你先忙，我不急，下個禮拜再談也可以。」或是聽到身邊的親友被其他業務員推銷時，跳出來阻止：「不要亂買，先問明楓再說。」那這種客戶就是鐵粉。

步驟3：提建議書，然後呢？

建議書可說是保險銷售過程中的一個分水點，建議書之前是「經營」，與客人之間藉著互動從〇℃開始，此時只分享資訊與聊天，當互動到一定程度（三〇到四〇℃），彼此之間溫度逐漸升高時，業務員必須試著和客人談建議書（六〇℃到八〇℃）。

很多業務新人都有一個問題，不敢跟客人遞建議書。如果才開始接觸客人，馬上遞建議書自然不妥，但已經接觸一段時間，你也認為彼此互動很熱絡，不妨將你的主力商品建議書提給客人看，因為你可能已經「暖身」夠久了。

我常遇到業務員問：「明楓，你覺得我應該跟這位客人提建議書嗎？」以我輔導業務新人多年經驗，這些客人一定已經被他經營很久。此時業務員若不積極，這些客人就像成熟的水果，再不去摘取就要過熟爛掉了。我的回答總是：「趕快去談！」

以銷售六大步驟來說，業務員必須要做到「遞建議書」才算是有進度，而且業務員一定要養成遞建議書的習慣。就我自己的習慣，遞完建議書後不要第二天就急著找客人激勵成交，因為太快升溫恐怕客人被「燙死」，而且太快被拒絕會打擊業務員的自信心。

在整理近期的客戶名單時，我發現自己遞建議書後沒有成交的客戶達三百個，扣掉已經超過時效的，手邊尚有一百個遞完建議書後持續「加溫」的客戶。這就是疫情升三級一個半月的期間內，我仍可以成交三十二件醫療險主約的原因，因為擁有很多一直維持高溫的客戶。

以一〇〇℃的成交溫度來分析，業務員與客人遞完建議書時溫度會升至八〇℃，之後的案件追蹤與穩定升溫技巧非常重要，只要能好好做到下面四點，基本上成交機率會大增：

1 不急著成交

業務員遞完建議書後不急著跟催追問，客人就不會覺得被「針對」。每個人都當過消費者，如果業務員在你看商品前後一直強迫推銷，肯定不舒服到想逃跑。有些業務員會認為，就是缺業績才拚命催促成交，既然如此，為何不「早一點」遞交建議書呢，時機非常重要，不要等到競賽開跑、估算日時或有需要才去談建議書。

2好好談建議書

保險商品能不能成交，怎麼談建議書很重要。怎麼「談」叫談得好？評判標準來自客戶。客戶覺得一項保險商品好或不好，大半來自業務員的談吐與自信。前面一再強調，保險業受法規管束，各家商品大同小異，若業務員只會照本宣科，沒有真心體會商品設計可為客戶帶來何種效益的話，客戶覺得商品歸商品，跟我的人生有何關連性，他們會覺得這項商品可有可無。當我們能夠找到商品與客戶的人生掛勾愈多，成交的機率就愈高。

3事後一定要傳訊息與追蹤

各自告別回家後，業務員必須傳訊或電話感謝，並遵守「**感謝↓總結↓攪動**」三原則。例如，「阿姨，謝謝妳今天的招待，跟妳聊得很開心。今天去妳家看到妳的獎盃，才知道原來妳在打高爾夫球……（**小閒聊**）。建議書妳慢慢看，年繳金額和理賠就像我剛剛說的……，妳之後有問題都可以問我（**最後總結今天談的商品內容**）。」從當天的聊天中，知道對方心裡考量、擔心以及不想買的重點，然後根據重點再用今天他在意的痛點重申一下：「保險就是當有一天我們怎麼了，自己可以不拖累家人，妳兒子工作那麼辛苦，伯父也快退休了……。（**攪動，煽動客戶情緒與動機**）」

4 一定要找理由再見面

關鍵最後一步，業務員必須找出下一次約見客戶的理由。當然，業務員最怕遞完建議書後客戶說「再想想」。這句話的難度在於無法判定成交率在八成還是二成，所以無法決定該前進或是該後退，有時就會放著，不知如何是好。不過這時候業務員該做的仍是提問，只要懂得設計問題及提問，客人自然會告訴你這筆保單成交機會有多大。就怕業務員不懂也不去問，那永遠只能揣測客人心裡的想法。靠「感覺」與「猜測」無法預估這張保單究竟能不能成交，那業務員的心情就容易起伏不定。下一節我會說明如何「問」出成交機率。

業務員之於客人，追蹤六〇℃是剛剛好的溫度，千萬不要把名單經營到八〇℃，在沒有遞建議書下又掉回二〇℃，造成徒勞無功又自信受挫的打擊。

激勵成交法1：設計問題

進到激勵成交這一步，表示業務員遞了建議書，眼看就要邁向成交。儘管客戶知道保險切合需求，卻還遲遲不下決定，這時就要進入「激勵」環節。

成交過程線下與線上有所差別。傳統做法上，業務員只要遞完建議書，不管客戶決定了沒，很快就會再約見面，利用面對面時說動客戶，如果客戶當次沒點頭，可能還會再約幾次直到簽約。線上經營則會先透過線上互動、試探對方意願，直到判斷成交機率達八成，才會與客戶相約見面，然後一見面就成交。

至於激勵成交的方式，線上與線下類雷同。業務員萬不可直球對決問：「考慮好了沒？」「要不要買？」我保證絕大多數的答案都是：「還沒。」業務員可以借助「二擇一成交法」「決定小節成交法」「假設成交法」「總結成交法」確認是否要對客戶「加壓」或「釋壓」。加壓就是往激勵成交走，讓客戶溫度很快升至一〇〇℃成交。釋壓則是暫且擱置，並維持溫度。

業務員在激勵成交中，巧妙把握購買時機與信號，及時促成保險交易。也就是幫助客戶解決問題，引導其下定決心購買保險。這是成交過程的關鍵一環，意義非同尋常。因為業務員的一系列努力，都將在此環節中見分曉。

- **假設成交法**：是指客戶已基本接受業務員的觀點和方案後，這時我們可以主動提出一些試探性問題，督促其默認並達成成交的目的。例如，「你的地址要填寫哪邊呢？」「那你先幫我填一下基本資料喔。」若客戶毫不猶豫回答，則暗示其同意投保，可為其填寫投保單。若客戶回答是「不」或者阻止，則要回來巧妙運用其他技巧嘗試成交。
- **二擇一成交法**：業務員同時提出兩個不同的成交方案，讓客戶選擇其一進行成交，也就是直接問客戶是想要規畫甲險還是規畫乙險？想要一次繳清保費還是分期繳付？將客戶引導到成交方案上促成交易。這種方法能使顧客輕而易舉地做出抉擇，並在不知不覺中成為你的保戶。提出二擇一選項讓客戶回答，藉由客戶選擇來判斷成交率，像是「這次我們規畫的醫療險，你比較想要還本型還是純保障的呢？」「受益人要先寫法定繼承人？還是直接寫老婆就好呢？」
- **決定小節成交法**：指對猶豫不決的準客戶，可以化大為小協助他們先做出一些投保小節的決定，並逐步累積成為購買保險的大決定。因為人們面臨重要抉擇時都會猶豫不決，但要他先決定一些小節則會容易得多。例如「假設要投保的話，這張保單的受益人你想先填寫誰呢？」使客戶由小決定入手，由對方的答案就可以知道對方購買的大決定。

• **總結成交法**：是指當解說完畢而客戶仍在猶豫不定時，可用總結的口氣複述保單的利益，強調投保的意義，並同時嘗試成交的一種方法。例如，在複述保單利益後可以說：「就像當初我們針對你擔心的那點，做了……，如果沒什麼問題，你就幫我填一下要保書吧。」「重大疾病我先用純保障幫你規畫，因為這樣可以節省保費支出，比較符合你目前的預算。」

在成交面談中，由於顧客會猶豫不決或心神不定，業務員應至少嘗試五次激勵成交，給顧客五次下決心的機會。在五次嘗試中隨機應變，靈活運用上述方法，也要善於運用激勵故事，千萬不要輕易放棄。

例如設計「二擇一問題」，「阿姨，那天說規畫妳的終身壽險，還是我也幫妳先生做一份建議書供妳參考？」如果對方回答：「好啊。」表示她還在思考。如果回達「不用啦。等到我真的要買再跟妳說。」表示成交率低。

如果換成美元保單，可以這樣問：「阿姨，新聞有說美元最近相對弱勢，不管要不要買保險，有空都可以先去銀行開個戶頭，先換美元鎖住一些比較便宜的美元匯率。」如果對方回達：「好。」事後可再詢問：「阿姨妳開戶了沒？」「有啊，我今天去買了，而且我是銀行ＶＩＰ，買起來還更便宜。」客人這樣回應，表示成交機率又前進了一點點。如果客人回答：「不用啦，等我真正想買保險時再去換就好。」表示這張保單的成交機率低。

從客戶回話來判斷這張保單的成交機率是八成、還是二成。如果達到八成，業務員可以做「**加壓**」；發現成交機率只有二成則要「**釋壓**」。千萬不要釋壓時窮追猛攻，導致客戶心裡不悅而快速降溫。

透過提問確認到底需要繼續激勵跟催還是選擇放手。這樣就不會成為客戶眼中白目、搞不清楚狀況的業務員。

激勵成交法2：因應客戶性格來溝通

動之以情

重情的客戶可以跟他搏感情：「姐姐，妳還記得當初妳的第一個貴人嗎？我需要妳當我事業的第一個貴人。」「阿姨，愛一個人不是我愛你一輩子，而是你活著的每一天我都會繼續愛著你，所以保單的分期給付機制完全符合我們這個需求，當我們不在的時候，我們的愛依然會繼續延續下去。」有些有能力的長輩，看業務員年輕又認真，如同自己的小輩，情感性的話語很能打動他們，讓他們給予支持。

說之以理

重理客戶條理分明，處理事情一碼歸一碼。所以業務員必須將保險商品逐一仔細分析。好，因為哪裡好；貴，理由在哪裡。跟其他相關商品比起來，這個商品規畫最棒的地方有哪幾的方面。

如果業務員清楚客戶真正的需求，訴諸客戶在意之處比較容易打動他們：「這張保單最重要的特點在於結合投資與壽險，這也是我最喜歡的地方。」「將壽險保障與投資帳戶切開，可以讓你在人生重大責任期結束後，將投資帳戶轉成一筆退休金。」

誘之以利

重視自身利益的客戶，溝通重點要放在「划算」「CP值高」「機會難得」。如果業務員深知客戶喜好，就可往「有利」之處激勵：「這個保險商品現在公司有抽獎活動，維持健康還可以換禮券。」

一旦進入激勵成交階段，線下經營我會將成交時間控制在一星期內。否則時間一拖長，接近沸點的溫度就會下降，離成交距離又遠了。如果全程大多利用線上溝通，雖然需要花時間釐清商品問題，但過程仍需積極互動與提問，達到下次見面就簽約的目標。

總之，理解你的客戶，順著客戶的毛摸，距離成交就不遠了。

步驟4：有溫度的服務

不管是新人還是資深業務員，對客戶服務的定位都一樣，就是用心、細心、貼心。業務員希望把名單變成客戶，並將客戶經營出鐵粉，永遠脫離不了「三心」級的服務。

服務客戶的時候，不要把A、B、C、D客戶群拿來當基準，客戶就是客戶，服務的心沒有級別差異，永遠讓客戶感覺你將他們的需求擺在最前面，甚至在他們還沒發現問題之前，你已經將客戶利益把守到位。唯有三心級服務，才能讓客戶體會什麼是有溫度的好服務，然後從客戶家門走進心門，從市占率進到心占率。

三心級服務說起來簡單又抽象，實際操作因保單種類不同而有許多需要關注的細節，以下舉例一些基礎服務來說明：

客戶的服務細節

基本服務：提醒續期用信用卡扣款

客戶買完保險後，業務員不要覺得自己的責任完了，一心只想去找下一位客人。爭取一位新客戶的成本，是留住一位老客戶的五倍。反而應該留意能幫客戶取得的優惠，隨時分享與叮嚀。

像我們公司有推出聯名卡，祭出聯名卡扣款保險費可以取得一％的折扣優惠活動。後來其他家銀行相繼推出扣款二、三％的優惠。一旦出現有利客戶的訊息，即使客人沒來詢問，業務員也要養成「沒事找事做」的習慣。

當利多消息出現，我會主動告知客戶：「大哥，最近某家銀行推出一張卡，如果你想得到現金回饋，辦這張卡繳保費比較划算，保費一年繳費五十萬的話差距會很大喔。」如果客戶聽了去辦卡，那是最好，萬一沒去辦，也會覺得我們有將他的權益當一回事。

美元型保單服務：提醒匯率低點換美元

先設定手機中的匯率ＡＰＰ，當美元下降至某低點時會跳出通知。我用這項功能來服務買美元保單的客戶。一旦手機跳出提醒，我會通知美元保戶，趕快趁此時去銀行換美元，這是一種「預存續期保費」的概念（意思是在美元低點時先行兌換，幫客戶省下台幣兌換外匯的金額）。

其實這些都不算業務員的本分，不做也不會怎麼樣，但你多做，在客戶心中自然會加分。相信想經營鐵粉的業務員絕對不會放過這些貼心小服務。

旅平險、海外險、急難救助：提供完整緊急配套措施

很多客人不買保險，但出國時卻習慣買旅平險。對於旅平險的內容及價格，每位業務員幾乎都背得出來。但面對有此需求的客戶，我不會這樣制式操作，而是將旅平險資料傳給客戶後，再提供我條列整理好關於旅平險的海外急難救助重點，包含旅遊保健諮詢、推薦醫療服務機構、安排當地就醫、緊急旅遊協助、行李遺失資訊、海外突發疾病定義、回國後如何辦理、需要備妥哪些資料……，傳給客戶，提醒客戶注意。

旅平險雖然屬於剛性保險，卻是一個服務契機，一旦契機出現，業務員又將服務做好做滿，便可以讓客戶對業務員留下「用心」的良好感受。

車險：理賠專線、相關知識和處理流程

看完第三章的讀者應該都知道，我的Line客戶名單中，車險客戶名字會出現一輛汽車符號。我會將汽車的各險種內容、理賠金額做成圖表，傳給客戶存在Line的記事本中。我也主動去產險櫃檯索取買汽車險附贈的意外處理流程小卡，掃描後傳給客戶儲存起來。

一旦客戶出意外緊急聯絡你時，便可點開記事本，第一時間引導客戶如何處理。這是一種經營「我覺得你服務很好」的貼心。也許這種服務對買醫療險六萬、或壽險保費五十萬的客戶可能覺得理所當然。但對只買強制險且金額不大的客戶來說，這種服務叫「售前服務」，售前服務加上售後服務，客戶對業務員產生的觀感又不一樣了。

所有這些服務的重點不在客戶需不需要，而是在我們有提供資訊給客戶做選擇。

第一章說明業務員個人品牌的重要；第二章拆解數位工具用途；第三、四章教學如何經營與管理客戶，相信看到這裡的讀者應該懂得如何善用工具，長線經營自有品牌與客戶了。接下來，我將針對團隊管理提出一些變革做法，期待保險業朝專業經理人團隊邁進。

案例

定期定量管理美元保單客戶的流程

- **管理客戶第一步：管理名單聚焦經營。**

依據第三章「整理Line客戶名單」來分類客戶。先在Line搜尋欄打上「CU」（美元保單客戶）後，就會跑出所有買過美元保單的客戶，如圖4-2所示。

- **記事本存放相關小知識及文章，再依據「軟＋硬＋軟＋硬」或是「軟＋軟＋硬」的節奏傳給買過美元的客戶。**

範例1　利用自己手機中匯率APP設定匯率通知，當匯率降到相對低點時截圖，即時通知所有美元保單客戶。

範例2　儲存網路上一些美元換匯等相關圖解步驟攻略，當客戶有換匯疑難雜症時，隨時提供教學連結。

範例3　傳送過去十年（或二十年）美元價格趨勢圖、相關國際情勢，做為客戶投資理財參考。

細心、用心、貼心幫客戶換到平均最低成本匯率，預存未來要繳交的美元保費、增加客戶對我們的信賴感及溫度。

圖4-2 美元客戶Line搜尋

第5章

新格局——向專業經理人團隊看齊

全通路經營＝團隊大於個人

從事保險工作多年，我看過、也輔導過許多的業務員，業務員不外乎兩種類型：一種是天生的超級業務，另一種是需要學習技巧的後天努力型業務員。

天生的業務員如同自帶亮點的發光體，可以把保險商品講得簡單明瞭、服務做到客戶滿意，透過自己的銷售模式不斷創造業績。不過當你請教他們行銷與服務技巧，得到的大多都是業界基本知識。既然如此，一般業務員與超級業務員之間的差異到底是什麼？

輔導業務員後我發現，大多數業務員憑感覺做事，遭遇困難問他們如何評斷時，總會說：「我感覺……。」「感覺」這種東西太抽象了，每個人感受有所不同。不是超級業務員不願分享經驗，而是他們說不出自己如何系統化「憑感覺」的銷售技巧。

天生的業務員畢竟是少數，七至八成的業務員靠訓練與自我努力不斷調整，才能得到好成績。我自認不是天生的超級業務員，所以成立通訊處的目的是希望，藉由團隊的力量創造更好的成績。

個人與團隊的差異在於，超級業務員的影響力存在「單一客戶」，團隊的影響力則是多面性的。不管從事哪一種銷售，「涵蓋最大面向」都是業績導向的主流思維。在最大化個人與團隊業績和影響力上，團隊的力量絕對超過個人。

個人運作和經營團隊截然不同，個人可以憑感覺，但團隊不行。團隊需要一個有條理、有步驟，且可拆解、可被訓練、可被模仿複製的SOP銷售流程。

經由多年成交的案件、回想做對了哪些事情，把每一個流程逐條細分，找出最後成交的關鍵點，於是我建立了自己團隊的銷售流程，現在將逐與大家分享。

業務員的心態與職涯規畫

業務員首重心態調整，同時認知業務員的養成曠日持久。很多業務員在入行的一年內就升級主任，讓他們產生做保險很簡單的錯覺。其實，「緣故」銷售自然不難。當緣故人脈用盡，業績必然停滯、下滑。我自己也曾面臨此狀況將近四、五年，我將這段業績難以有重大突破的時間稱為「平緩期」。

有心經營保險事業的業務員必須學會換位思考，把「夢想」與「目標」放大，而且要把「競賽」當成目標，而不是一味只求通過考核。只求通過考核的人往往最後連考核都過不了。

入行前幾年，我的業績目標總是訂在當時百萬圓桌會員達標業績三百八十萬元。幾年後的一天，主管跟我說：「明楓，妳怎麼不去談大一點的客戶，不訂大一點的目標？」

當時聽到這些話令我困惑不解，難道主管認為我不夠認真？我手上的確沒有大客戶，主要用小額保單拼湊件數完成業績，我也單純認為只要小額件數多做幾張就可達標，完全沒有意識到這會對後續業績經營帶來困難。

直到入行第三年為了與先生共組經營團隊，需要在不到四個月內完成三百萬元的業績並協助先生升級經理，那時我才領悟主管的語重心長。拜這些壓力所賜，我拚盡全力終於讓我遇到人生第一位大客戶，收了單件一百萬元的保費，順利完成升級目標。

成立通訊處後，我重新設定目標，決定挑戰百萬圓桌會員裡的「頂尖會員（TOT）」。要成為頂尖會員，平均每月業績必須達到約一百二十五萬元以上。用小額保單湊件數太不切實際，我需要「更大的格局」。我開始思考身邊有沒有「魔王級」的客戶，如果沒有，那要去哪裡找，並將一切化為實際行動。

目標不一樣，行動就不一樣，開發出來的經營潛力也不一樣。更大的目標引領更大的動力，帶著我度過平緩期，擠進公司全年度排名前十，同時也完成成立通訊處的目標。這一路下來花了十幾年的功夫。

世上沒有一蹴可幾的超級業務員，那些持續站上大舞台的頂尖業務高手，幾乎都是花了十、二十年的時間去成就自己。

破解升級路上的心魔

面對開發客戶可能遭遇的心魔，這裡提供三種正向心態，讓我們可以盡快戰勝心魔，朝下一階段邁進：

1 勇於開口打破一切未知

對入行不久的年輕人來說，恐懼來自於「未知」，導致他們很怕去問客人問題，尤其面對五、六十歲屬於長輩型的客人，他們害怕「不知道客戶聽到我的回覆後會如何反應，或是應該再問什麼問題」。

不開口問，一切都是未知，唯有開口問，難題才有機會迎刃而解。像是業務員在遞出那些幾經溝通與修改的建議書時，總是擔心客戶輕描淡寫地回覆：「我再考慮看看。」「我再想想看。」這些回答是要繼續追蹤？還是放棄？

剛開始，你會被這種局面弄得不知該如何是好。隨著從業的經驗值愈多，愈能分辨得出哪個是「真議題」哪個是「假議題」。無論真、假，想要進一步釐清找出關鍵點及關鍵人，積極主動再丟出問題就對了。「你已經成年了，為什麼要問媽媽呢？」「喔，我媽媽說她要幫我付保費。」

聽到這種回答，你知道找到關鍵人了：媽媽。只要你敢多丟一些問題，你就有更多機會成交。

2 不只你選客戶，客戶也挑業務員

升上主任後我卡了很長一段時間。跟其他人一樣，我也急於成交高額保險，因為一張高額保單抵過無數張小額保險的業績，對一個出社會不久、經歷也不夠多的年輕人來說，這種交易難遇難求。

有能力投保高額保險的客戶，多半是打拚事業多年的中高齡族群，他們人生閱歷豐富、思考與行事謹慎，怎樣也不會突然把高額保單交給資淺的年輕人處理，但是他們會從「小」處開始給年輕人機會。

我拿到的第一張高額保險，是從事保險業七、八年之後。隨著年紀漸增、人生多重身分轉換，愈來愈了解一些世事面貌，對於人性也有更多的理解，和客戶調頻的速度也愈來愈快，這些點點滴滴的改變，身邊的長輩客戶看得見。

他們同樣也在觀察你，直到清楚你的為人，才放心將大保單託付於你。所以，不要被關卡打敗，也不要妄想一步登天。卡住的過程中，好好充實自己、加強專業、努力參加同好社團和活動拓展人脈、認真生活和工作、勤勞維繫與客戶的關係。我們在低谷如何自處，決定你是誰。以我過來人的經驗：「黑暗總會過去。」

3 大膽嘗試但懂分寸，遵守原則但不墨守成規

很多人害怕與客戶溝通，深怕說錯話得罪客戶，後面的交易跟著泡湯。其實面對客戶，只要做到「在經營客戶的路上，不打壞彼此關係就好」只要有修復關係的能力，就不要害怕嘗試。想學會第三章教的互動技巧，克服自己的心魔是修練第一步。

再者，很多業務員會因為跟客戶熟稔而在溝通時表現過於「油條」，這會讓你的專業形象大打折扣。「緣故陌生化，陌生緣故化。」是業務員的工作原則。今天你面對的既是朋友也是客戶，見面時要讓對方知道你除了是他的朋友，更是一名專業的業務員。我們只是多了一個身分，而不要因為做了業務員就變了一個人。

至於經營陌生客戶，千萬不要太過客套，套句網路用語，就是完全「涼去」，這會讓彼此之間無法提升成交溫度。另外，聊天中可以藉由無傷大雅的小玩笑，從中觀察對方的反應。

交流時，留心客戶不喜歡被針對，也不要主動談論難以啟齒的個人隱私，業務員可以借用「別人的故事」來觀察客戶反應。這些故事主角的經驗通常會跟眼前的客戶類似，若講述時客戶眼神飄忽、言語顧左右而言他，甚至身體往後出現防衛姿態，業務員千萬不要犯險直搗核心，最好趕快轉移話題，消除客戶不安的心。（參考第三章聚焦互動六步驟）

「主任心魔」評量表

・主管評量業務員

- □以為保險就是這麼簡單，自己什麼都會了，出席率下降
- □變得懶惰、總是找舊客戶，不想開發新客戶
- □開會檢討行程或是活動量總是逃避
- □沒有在業代時期系統化地經營客戶
- □可成交（經營）名單變少，沒有動力，工作習慣及態度變得消極
- □活動配合度低，選擇性參加

- **業務員自我評量**

□想法上覺得沒有「希望」的感覺（喪失目標）
□開始覺得客戶很難經營，所有的經營都無效（成功率變低）
□畏縮不想尋找新客戶，害怕訂業績目標（否定專業技能）
□開始覺得自己好像不會銷售（否定自我）
□不敢增員，擔心自己業績都做不好怎麼帶新人（否定專業技能）
□與客戶互動和服務、辦理理賠總是不耐煩（不願面對客戶）

業務員十年養成計畫

很多人誤解線上經營，認為既然線上經營是不可逆的趨勢，那業務員在家工作就好了。

當然不行。像疫情期間，我們通訊處每天都會在線上跟業務員開例行會議，但如果業業務員因此認為不必進公司也能得到心理支援與業績達標，那就太天真了。疫情期間通訊處當月曾增員十八位業務員，半年後只留下兩位。僅靠遠距聯絡，主管感受不到業務員內心真正的焦慮，業務員在缺乏團體輔導及凝聚力量下，很容易消失在線上。「環境大於個人」點出，意志再堅強的人，如果沒有環境的協助及約束，也會逐漸怠惰安逸。

提到遠距工作，不能不提到現在流行的「斜槓」。我必須說，如果初期一開始就兼職做，並不能為資淺的業務員帶來理想的收入和生活。業務員最初是一個需要全心投入、細節眉角很多的職位，還沒站穩腳步就斜槓，只會白忙一場後得到空虛的結果。

另外，新手業務員要了解，經營不代表馬上成交，但一定要有「開始」。開始不是認識客戶而已，更要培養出私交（私下交流與互動）。不管客戶是你參加社團或社區大學認識的人，只要沒有跟他們私下傳Line或講到電話，那就是還沒「開始」。

累積多年的工作經驗，我為業務員規畫出十年工作計畫，依照計畫執行，可以讓業務員激發出自己的潛力，並從中找到自己的強項：

- 一～三年：嘗試各種可能性、有計畫的「增加件數」「增加客戶市占率」（增加工作的延展性）。

• 四～六年：提高效率、有計畫地增加「件均保費」（用主力商品去找目標客戶）。

• 七～十年：找到含金量高的客戶、掌握人性、調頻速度快。（經營組織與帶人）

一～三年集客計畫

這個時期要「求生存」，以「有做比沒做好」、「寧可錯殺不可放過」的原則，盡可能往銷售六大步驟推進和經營。這種做法的好處在於可能性很多，讓新人有計畫地增加成交件數，並熟練銷售六大步驟。每做一件就是一次演練推銷六大步驟的過程，件數多就可以不斷磨練推銷基本功。

一至三年期間，我會鼓勵業務員每月起碼成交四件，件數類似市占率，如同經銷商擁有的客戶數。如果新品要上架，廠商一定先配給擁有最多客戶的經銷商，這樣商品才可以鋪得廣。擁有客戶，以後鋪貨的連結就會很快也更有效率。

就算成交的都是小額保險，只要增加成交件數，就有後續服務客戶的機會。這種信念在一開始就必須確立。儘管我入行隔年就遇到次級房貸危機，但兩年下來，我累積了約一百多個客戶（市占率）。以經營超市概念來說，就是我有一百多個客戶通路。「通路通活路」，沒有快速建立通路，接下來只會愈來愈難經營，市場無法打開。

四～六年提高效率階段

這時業務員因升級必須提高業績目標，或家庭因素壓縮了經營業務的時間，效率是這階段的關鍵，而最高效的做法是提高件均保費。假如之前一件收保費一萬元，現在朝向一件收三萬元邁進，如此一來就能節省三分之二的達標時間。

現階段必須轉換思維，從主力商品去找與前三年不一樣的新客戶。當公司不停推出商品，很多人會以新商品保費太高、以我沒有這種客戶為理由而放棄這項商品。這階段的經營方式，應該思考這項新商品的客群是誰？如果是有能力的阿嬤，那這些有能力的阿嬤會出現在哪裡？如果在某類型社團，就加入社團結識他們。從主力商品思維去找客戶，這些客戶的屬性會跟我們原本的客群不同，這樣客戶屬性才會愈來愈多元。當業務員從主力商品去找主力客群的「連結點」愈多，成交機率愈高。

這階段另一個重點是經營心占率。業務員努力將新的主力客戶從弱連結經營到強連結。如同第四章所說，一旦你經營出心占率，客戶就成為你的鐵粉了。

七~十年轉型階段

此時有些業務員會往成立通訊處邁進，從個人業務擴及帶領一個團隊，而轉型分成兩個面向經營：

①從集客階段和提高件均保費階段開始走向線上社群經營，由於前面累積下來的客戶與你十分熟悉，可以利用線上工具來保溫彼此溫度。

②轉戰線上經營可以省下許多時間用於經營團隊。經營團隊需要花時間訓練與陪伴，除了將銷售觀念與技術系統化傳授給團隊，還要花時間輔導銷售員，降低業務員離職率、提高留存率。

初期做保險，必定挨家挨戶尋找試探，但如果扎實落實十年養成計畫，後面的成長速度就會加快。

以上做法每個人不同，但是目標和方向一致：提高效能，成為高績效的頂尖業務高手。如此也能多出更多的時間，增加生活和生命的豐富度，活出新高度，接觸到更多不一樣的人事物，進而為職涯下一個十年邁進。

重新分配時間並調整計分方式

所有從事銷售的業務員應該都能理解：「銷售不是一場隨興的演出，而是一連串刻意的安排與步驟」，如此才能在這個行業中穩定經營。

許多人想掌握人生的自由度而投身保險業，卻忽略了在可掌握的自由度中管理時間。業務員只要週末沒有規畫下週的時間表，下週前三天保證時間完全浪費掉。許多業務員表面上很忙，其實做的很多事跟生產力無相關，一、二週可能沒什麼差別，但持續三個月業務員就容易失去信心。

所以，有效率地分配時間成為業務員必備技能。我的做法是，先確認每年的重要活動，依照年度、季度、每月排列下來，然後每個週末規畫好下週的工作行程。無法控制每週行程，就無法控制每個月的業績，而業績穩定性又是業務員的自信來源，環環相扣、不能忽視。

定義時間的優先順序

我已經養成習慣，每到週末一定坐下來喝杯咖啡，安靜地花上二小時規畫下一個星期的約訪和活動，下週每天按表操課、照劇本走。

規畫每週待辦事項的重要關鍵，是排列事件的優先順序。下表是我參考管理大師史蒂芬．科維（Stephen Covey）提出的四象限時間管理法，依據業務員的工作內容分類出的優先順序（圖5-1）。第一象限是最重要且必須優先處理的事，推銷、報價、約訪客戶、推銷規畫都屬於這一象限，是一種立即財的經營，業務員必須每天上班跟進。第二象限是重要但不緊急的事，所以很容易被忽略，必須刻意做。好比經營客戶、定期聯絡與保溫。這類活動可能有人覺得不做也沒關係，但其實會影響業務員的長久發展，屬於長久財概念，一定要按部就班執行，業務員可以依據客戶情況定時定量安排刻意去做。第三象限則是緊急但不重要的事，例如很多突發事件需要立即處理，此類事務耗時又一定要做，所以業務員可以依據事件性質，事先安排空檔有效率地集中處理。第四象限的事件不用多說，業務員

圖5-1 時間四象限管理法

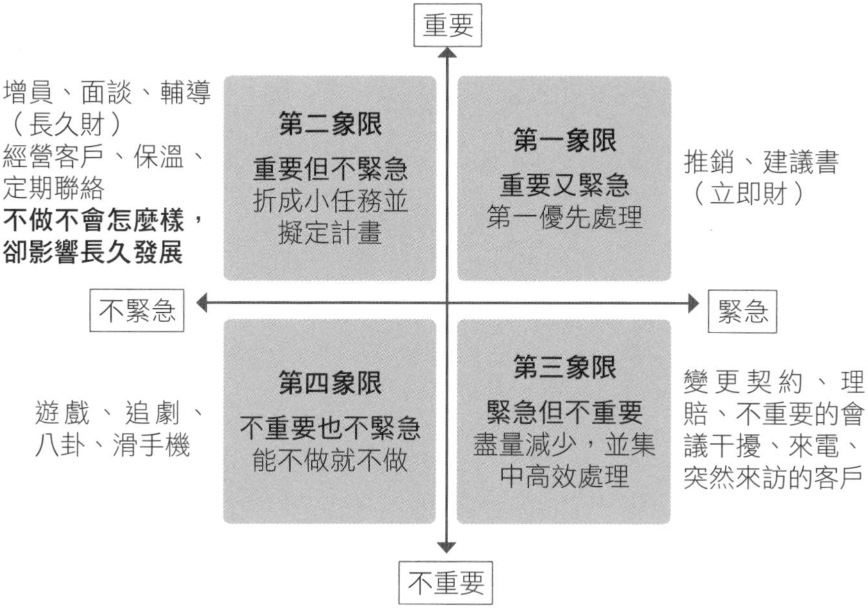

良好的時間管理，在於每天必須花足夠的時間，
堅定持續做不緊急但卻很重要的事。

能不做就不做。

如果沒有把時間安排去做第一象限的事，以及刻意安排第二象限的事，那資深業務員的時間自然而然會流到第三象限，資淺業務員的時間則會流到第四象限。

這項前置作業看似繁瑣，但只要你持續做一個月，就能明顯感受到自己工作效率提高了。有了優先順序的觀念之後，下面提供一些養成好習慣的工具，讓你善加利用寶貴的時間。

每週行程安排

我將業務員工作以「石頭」大小觀念來排列優先順序，分成大石頭、中石頭、小石頭、碎石頭及細沙，定義如下：

- **大石頭**：通訊處的活動、開會、上課及區單位運作，這些活動早在兩個月前已經排好，不可更動，必須最優先參與。
- **中石頭**：個人銷售及直轄增員工作。
- **小石頭**：以主管來說，包含業務員主動來預約輔導，幫忙協助增員或做Case Study（客戶案例研究）。
- **碎石頭**：關心久未現身、出現主任症候群的同仁，主動邀約喝咖啡聊心事。
- **細沙**：利用在交通移動過程中的零碎時間，處理記在手機中的待辦事項。例如，準備傳給客戶的資訊與新聞等。

我將每種石頭的工作性質用不同顏色螢光筆來標示，紅色代表大石頭中的會議和社團活動、綠色代表銷售活動、藍色代表增員活動。我會事先排好下週大、中石頭的活動量，並在週末時上傳行事曆到雲端公檔，同區的二十幾名同仁比照辦理。

業務員看到我的行事曆，便知道我何時有小石頭的時間，可以主動找我輔導或協助增員。剩下不多的零碎時間，我則排入碎石頭的事務。例如，主動關懷輔導在工作中出現「心魔」的同仁，了解他們面臨的問題，因為有心態問題的業務員是不會主動尋求協助的。一週工作安排下來，我的行事曆近九成滿了，那何時與客戶線上定時定量聯絡、傳建議書？這些業務我利用活動中點到點，如通勤移動過程中來完成。

用不同色筆安排行程的好處是，可以檢視一週下來自己在「哪些業務或事務」上做了「哪些事」。舉例，當你發現綠色行程滿檔卻沒業績，可能就要檢討是銷售過程或技巧有問題，還是紅色的社交活動或無效的會議太多（表5-1）。

良好的工作習慣

1生活作息正常：每天睡前確認一下明天的行事曆及待辦事項；做好心情調適與準備。提醒：中午吃飯只與客戶接觸或簽約（不做激勵成交）。

2每天有空檔隨時約訪下週行程：習慣先用鉛筆圈出可運用的時間，待與客戶確定時間後，再改用原子筆確認行程，並用不同顏色螢光筆標示行程性質（紅色表示活動、開會；綠色表示銷售；藍色表示增員），結束或完成用紅筆打勾。

3送保單前：預告新商品幫自己造橋。

4送保單時：對於喜歡的對象可以多蒐集工作相關訊息，切入增員的初次面談或深度面談。

最後一個小技巧，公司很常舉辦活動（紅色），占用業務員過多的時間，此時可以轉換思維把活動變成服務客戶的一環（綠色）。舉例來說，公司請了一位健康專家來演講，業務員可以邀約對健康議題有興趣的客戶前來參加（這件事就會從紅色→綠色），增加服務客戶的機會。

表5-1 每週行事曆

____年____月____日～____月____日

日期 時間	一 （ ／ ）	二 （ ／ ）	三 （ ／ ）	四 （ ／ ）	五 （ ／ ）	六 （ ／ ）	日 （ ／ ）
0830以前							
0830-1000							
1000-1200							
1200-1400							
1400-1600							
1600-1800							
1800-2000							
2000-2200							
2300以後							

—— 公司活動 —— 增員活動 —— 客戶活動

分顏色標示行程特性

定期定量的規律性

業務員只要勤於施肥跟翻土，一般堅持三到六個月能夠逐漸進入一個好的經營循環。因此我把業務員必須做的功課依照規律做出每週、每月量表。

設定每週活動量表

拜訪客戶不能隨性，要定時定量。每週活動量表可以系統化管理每天的行事曆，以確保每月都能達標（表5-2）。

每週活動量表在一週開始前，針對C、D級客戶，挑選出每天要互動的五個人，透過關心和問候取得互動，並從互動中分出客戶等級。透過互動追蹤某人近期內會不會從名單變成客戶，或是有沒有機會遞建議書。客戶分級並非一成不變，唯有不斷互動、加溫讓C級往B級走，B級往A級走。

預估每月成交表

業務員計畫經營客戶的規律時，通常我會使用兩種表單：「本月預計成交表」「每月準客戶名單」。這兩種表格都必須在每月一號之前填完。

首先說明每月預計成交表（表5-3）。業務員利用本月預計成交表做Case study，目的在於掌握客戶的銷售流程走到哪一階段。我會鼓勵他們，每個月追蹤十位客戶（A級為主），從這十個預計成交四件。業務員擬訂的客戶變動愈大，代表對客戶掌握度愈低、判斷力愈不足。

至於主管則可以利用每月預計成交表來輔導業務員做Case study。藉由每次討論變動因素，訓練業務員的判斷能力，使其專注理解現況。主管也可以將其用於控管每月業績目標，從月初就抓得到件數，而不是等到月底快結束才能得知這個月業績結果。

接著說明每月準客戶名單（表5-4）。此表旨在每天與五位A級與B級客戶互動。操作原則也很簡單，一週一進度，每週定期檢視每位客戶進度，如果A級或B級客戶兩週不作為，則降成C、D級客戶，避免業務員抱一個客戶從一月抱半年都沒動。

使用此表目的是，主管和業務員都可預估未來一季的業績（A、B級的名單），提高有望名單的能見度，而且「每月準客戶名單」可以用來補本月預計成交表不足的名單，爭取業績達標。

表5-2 每週活動量表

		一	二	三	四	五	六	日
實際電話或拜訪紀錄	新名單			王大力		張大偉		
	待辦事項	小文基金贖回		電聯		小明理賠		
		大力契交		Line互動		小欣契交		
		小花建議書						
	1	Call曉華		吳小文				
	2	Line小吳		陳小婷				
	3	Line大樹						
	4	Call大中						
	5							
	6							
	7							

待辦事項：幫客戶辦理理賠、變更地址、基金贖回、恢復保單效力、傳建議書給客戶等等。就是做一些服務客戶的事務。
編號1到7用來記錄要聯絡、互動的客戶，傳Line或是打電話都可以。關心客戶C、D這類的聯絡事項是業務員做加溫的功課。每天至少聯絡5到7人，完成後用紅筆打勾。

表5-3 本月預計成交表

本月預計成交／週週報件 5月

本月目標　　　　　　實際達成　　　　填表日期：111年5月1日

編號	客戶	商品	業績／繳別	成交率（%）	___月					第2月	第3月
					W0	W1	W2	W3	W4		
1	王大明	壽險	20萬/年	100%		V					
2	江先生	醫療險	5萬/年	80%			V				
3	陳老師	長照險	8-6萬/年	100%		V					
4	蔡小火	防癌險	5000元/年	30%						V	
5											
6											
7											
8											
9											
10											
合計											

上面的客戶名單是預計本月要成交的，所以如果預計在第二週成交甲客戶，則在「W2」打勾；也有可能客戶改約到下個月，則變成在「第二個月」打勾。

表5-4 每月準客戶名單

6月準客戶名單

填表日期：111年6月1日

編號	客戶姓名	進度代號（1）接觸／約訪（2）收集資訊／探需求（3）遞建議書&激勵												C／D	備註
		進度	日期1	進度	日期2	進度	日期3	進度	日期4	進度	日期5	進度	日期6	A	
1	黃小花	（1）	6/2	（2）	6/10									A	
2	陳小姐	（2）	6/8	（3）	6/25	（3）	6/28							A	
3	王大哥	（1）	6/10	（1）	6/26									C	
4															
5															
6															
7															
8															
9															
10															

上面的客戶名單是本月預計要「推進進度」的，所以要記錄每次互動的日期，藉此了解A、B級客戶本月有無進展，以及進度為何。每月至少30個名單。每個月月底確認此名單，往A級提高，或降回C、D級。若往A走，則此名單會出現在下個月的表5-3。

總結每月、每週、每天工作重點

各大表單可以依據各家保險公司、業務行業的制式表單來調整，實際執行要點如下：

- 列出一〇〇位或以上準客戶名單。
- 每天定時定量聯絡五人，透過互動判斷名單的進度。
- A（B）級名單列入「本月預計成交表」。
- 用遞建議書當分水嶺。
- 每個月第一天完成「本月預計成交表」和「每月準客戶名單」。
- 每週五定期檢視和更新「本月預計成交表」和「每月準客戶名單」進度。
- 唯有管好C、D級客戶，才有源源不斷的A、B級客戶。

每個月利用主力商品和主打活動，重新定義活動量

思維決定行動，行動決定命運。業務員在工作上必須找到自己的「主軸」。

保單健診是新人很好的工具，一旦找到客戶的保單缺口，就有機會遞出建議書。只是

圖5-2 主力商品搭配每月活動

每個月要有主力商品	每月要有活動主軸
利用公司新商品延伸自我生活圈去擴展新客群 • 參加大型社會團體 • 當社區主委 • 舉辦高爾夫球活動	根據每月主打活動，邀約新舊客戶參加 • 吸引同好，與客戶見面聊天，升高彼此互動的溫度。 • 延伸客戶 • 預計成交客戶的售前服務
舉例 • 專屬男性防癌險 • 高額長照險 • 婦女險	舉例 Q1 電影包場 Q2 高爾夫球 Q3 財經趨勢演講 Q4 桌曆 （內放酒精筆、時尚口罩套）

這種做法只有借得到保單的客戶才有機會成交，而且這類客戶幾乎是身邊的緣故客戶。

上面提過一到三年的業務員必須衝客戶數和成交量，所以除了健診保單之外，必須搭配找到「主力商品」。主力商品可以帶我們去接觸到原本非緣故的客戶（圖5-2）。至於主力活動則包括公司或通訊處舉辦的活動，業務員可以多多利用這些活動來擴展新客群。做法上，先找到主力商品的可能客群，經營新客戶期間再利用公司舉辦的活動邀約他們共襄盛舉，藉此增加互動機會，也讓他們更認識你和公司，加速彼此之間的溫度。

另外，每個月也要有主軸，像是母親節賀卡、疫情期間送酒精筆口罩包、中秋節送柚子、農曆年寄賀年卡等等。在送禮思維上，與其花一筆大錢一年送客戶一次大禮，我更喜歡將這筆大錢分成無數份成本不高卻很實用的禮物。收禮者心裡既不會感到壓力，也能持續感受我們圍繞在他們身邊的真心與用心。

長久以來各大保險公司會鼓勵業務員填寫活動量表，各項活動都有分數，每月會依照業務員總活動量來統計分數。這表的功用在於確認業務員每月有做基本功之外，同時主管也能檢視個別業務員在哪個環節遭遇困難，協助他們輔導和改善。

但傳統的活動計分表在結合線上經營時，遭遇了「難合時宜」的困境。尤其在新冠疫情大流行的時候，問題馬上凸顯出來。業務員出不了門，傳統定義的活動量表5-5顯然不符合當下計分標準，在家上班的業務員此時更需要一個「工作指標」，不讓疫情打亂原有的工作節奏。因此，有必要重新定義業務活動，於是我重新調整了「推銷百分卡」，在表中納入線上活動，好讓業務員有效結合線上和線下活動「動起來」。

新版推銷百分卡（表5-6），分六個項目計分，除了新增客戶外，其他項目都可回溯計分。業務員起碼必須每週做到一百分，這也是每週工作目標。這個卡的原則在於計算出業務員每一分的產值有多少，其特色在於：

表5-5 推銷百分卡

銷售活動	日期／分數	一	二	三	四	五	六	日	總分
新客戶	1								
約訪	1								
面談	2								
遞建議書	3								
要保	4								
收取保費	5								
每日小計									

- **給予記分卡全新定義**：原本跟客戶約訪可以得一分，若新增是單純打電話關心客戶也可以得到一分。
- **記分卡可「回溯計分」**：如果業務員今天跟客戶線上視訊（或電話）談到建議書，那麼這一項除了可得三分，還可加上面談二分、約訪一分，所以這動作總共得到六分。
- **隨時隨地都可以工作**：表單設計目的就是要讓業務員不受時間、互動工具、所在場合限制，積極動起來。

表5-6 推銷百分卡——重新調整銷售活動細項

	防疫期間的活動量轉換	分數
新增準客戶	藉下列方式取得準客戶聯絡方式 ＊經轉介紹 ＊經發放DM或問卷陌生開發 **＊經線上活動**	1
約訪	**＊打電話關心客戶** ＊邀約客戶實體／線上面談機會 （無論是否邀約成功）	1
面談	藉下列方式引發客戶保險需求及觀念 **＊電話／Line互動10分鐘以上** **＊寄防疫小物／卡片等給客戶**	2
送建議書	＊與客戶見面談建議書 **＊線上遞建議書且客戶有回應** **＊線上協助客戶完成保單健診**	3
要保	**＊與客戶完成線上遠距投保** ＊與客戶見面完成要保文件	4
收取保費	**＊完成紙本報帳流程並附上付款授權書** ＊完成投保受理	5

每週一百分是業務員的基本門檻，並非特別高標準。**業務員每週做到一百分，從接觸客人起、到談建議書並成交，每個動作都算分。每個月的獎金除以每個月的分數，就可以知道每分的產值，業務員會更有動力創造每天的分數。**

站在輔助者角度，主管可以藉由推銷百分卡清楚看出業務員在哪一個環節遭遇亂流。例如，每一週都出現相同的客戶姓名卻沒成交，輔導者就可以個案診斷進行輔導。

從時間規畫到每週計分，每位業務員未來的業績都由現在的活動量來決定。剛入行的業務員，或剛開始帶領團隊的主管，可以從最小的每天與十五位客戶聯絡或互動，或訂定競賽目標，堅持做一年就會看到自己與團隊持續穩定成長，畢竟未來想怎麼收穫，現在就必須怎麼栽。

很多業務員對寫每週待辦事項、活動量表痛苦萬分，其實這些事情已經不是工作，而是一種生活方式。計畫並盯緊自己的活動量是所有績效的源頭。

銷售更上一層樓：總結大原則

三大基本原則

線上經營對於大多數業務員來說，實際經驗少、相關知識欠缺。所以本章最後，我想總結與補充一些線上經營必須遵守的原則和陷阱。

1不要專注「秀自己」

站在銷售立場來說，客人在線上可以隨心所欲，業務員卻不能這麼做。經營自我品牌的前提是先認清自己的「面目」，也必須讓將來有可能見面的客戶一眼知道你是誰（包含外在與內在）。

某次我與一位之前都靠著線上工具互動聊天、傳訊息的客戶約見面簽約，那是我們第一次在真實世界中面對面見彼此，雖然在線上早已熟悉彼此，但見面時還是發生了有趣的小意外，我到了約定好的地點時竟然「找不到」客戶。

在詢問確認後，我仔細看著眼前的客戶，心裡想著：「怎麼跟社群網站上的照片差異那麼大！」一站在網路世界的角度來看，這不是什麼大問題，不斷推陳出新的智慧型手機，加上美顏功能強大的修圖軟體，任何人都可以打造理想中的自己。

要修圖可以，但千萬不要修過頭了。有些業務員自覺長得美、身材又好，在上傳照片時往往把持不住分寸，千篇一律的精緻裝容，配上顯露身材的時髦裝扮，忽略了這些照片看在客戶眼中的感受。

客戶來自四面八方，有中高年齡層、未婚族群、甚至還有對自己身材外貌缺乏自信的人。你不會知道這些過度美好的圖文，容易刺激哪些客戶，又會給哪些人留下專業不足的印象。

另外，前面說明線上互動時要利用二＋一發文頻率（軟、軟、硬）來增加可讀性，但很多人都誤解了軟性文章的定義。軟性文章也必須有針對性。

業務員上傳生活圖文的時候，務必思考這些美圖與客戶人生能產生什麼連結與意義，又或者這些圖文能不能展示「你是誰」。如果意義不大或無法呈現你想經營的自己，不如捨棄不用。經營「品牌」本來就要做選擇，包括選擇犧牲。相信我，只要你的方向正確，長久下來這些經營會正向且積極的回饋給自己。

如何經營秀自己，外在可以修飾，但不可偏離真實面容。可以展現生活，但以分享經驗、快樂為主調。舉個例子，業務員結婚時比較好的做法是，上傳結婚照片讓客戶沾沾喜氣同時給你祝福，而不是貼一張大鑽戒讓客戶議論。（如果有其他目的，則另當別論。）

我們要讓客戶看到的是「立體」的自己，是生活中多種面向的自己，工作、進修、持家、休閒興趣等等，用這些跟客戶產生連結與共鳴，而不是不顧他人感受的自我感覺良好。

2 打磨個人圖文能力

人都喜歡看美麗的事物，美好的文字擁有打動人心、留下餘韻的力量。但並非每個人都擁有絕佳的文字能力，特別是年輕一代早已習慣使用縮寫、暱稱文字來溝通，要他們完整意思表達反而成了障礙。

其實這裡不是要求大家出口成章、寫一手好文章，而是口語溝通與文字傳達上，務必清楚、有條理地呈現重點。口語溝通大多面對面，你聽得到對方語氣，看得到對方表情與姿態，也感受得到對方的情緒，不容易讓人產生誤會。

當口語表達轉變成文字，二者之間就出現差距。像是少了語尾助詞的句子讀起來很嚴肅，加上「呢」「了」「喔」則令人輕鬆無戒心；話題結束沒有加上「嗎？」「是不是？」讓人讀完不知道該不該繼續回答問題。

對自己掌握文字能力有疑慮的業務員，可以採「圖＋文」的方式來呈現。平日可以將需要文字解說的主要商品或事件，做成一看就懂的圖表或拍成美照，讓內容看起來輕鬆沒壓力。線上文字也不需要錦上添花般華美，只要通順流暢、避免太多錯字即可。如果談到保險商品，文筆要再精簡，語氣則須專業。

3 掌握5W1H提問

很多人認為業務員需要好口才，懂得善用話術，但這些都是刻板印象，你必須先做到第三章提及的同頻、同步，才有機會展開有品質的溝通與對話。

業務員剛入行時往往不知道如何問客戶問題，因此從掌握5W1H來進行提問，而線上經營必須比線下經營更著重打磨問問題的能力。懂得精準提問的業務員，往往才能收集到客戶的真正需求，找到符合他們需求的商品。不管從事保險業多久，業務員一定要時時掌握5W1H原則，提出好問題。

- Where：保險在哪（保險公司）買的？
- When：這張保單是何時買的？
- Who：業務員是你的誰？
- Why：當初為什麼想買？
- What：知道保單的內容與保障嗎？
- How：想要如何規畫保險？

這個提問原則不僅有利於協助業務員取得基本資料的答案，也能藉此機會了解客戶內心需求，才能接下去幫助客戶打造符合個人需求的人生保障。

業務員從事銷售工作，在經營或服務客戶上，不需要遮掩自己的身分，要讓客戶知道自己所從事的工作和為人處事。想讓客戶「看到」你在專業及生活上的能力，不管是講解保單的專業上、在辦理賠服務的態度上、或是社群平台展現的生活寫照，只要依循本書的步驟與技能，客戶自然會加深對你的信賴感。

線上經營不要踩的雷

業務員藉由網路與社群平台經營客戶，心態上必須戰戰兢兢，誰都不想成為最白目的那個業務員。以下是根據我多年的觀察及個人經驗，列出千萬不要踩的雷區：

1 不要只專注在推銷商品，而是找出需求

很多業務員都有錯誤認知，覺得線下必須遵守的保險規則，移轉到線上就會解除。而這種情況最常發生在線上推銷上。業務員都知道，客戶買保險，買得是需求，哪個保單可以解決他們的需求，是他們的選擇而非業務員強力推銷。

如果你認為在線上拚命傳送商品資訊客戶就會購買，那就太天真了。有被強迫推銷過的人都知道，太過專注推銷商品的業務員，最後客戶只會線上封鎖、線下避而不見。

2 傳送訊息應顧及客戶作息

線上經營好處是輕鬆且沒有時間限制，但不代表你可以不分時段猛傳訊息，反而要仔細觀察你想經營對象的生活作息。

像很多人下班後不喜歡接到公司傳來的Line訊息一樣，結束一天工作的客戶也不喜歡接到銷售通知，業務員可以在客戶下班後聊一些比較輕鬆的話題，再者，現在人大多沒有關機的習慣，若大半夜突然跳出訊息通知，結果一看是你發出無關緊要的資訊、甚至是推銷內容，輕則留下壞印象，重則可能遭到封鎖。

3 不要忽略一般禮節

儘管社群平台的聯絡多以輕鬆為主，但業務員面對的仍然是客戶，發送內容需要維持該有的禮貌。

像是在傳訊或是聊天時，不要省去應有的敬語及問候，畢竟會買保險的客戶，很多是比自己年長的長輩，雖不必事事畢恭畢敬，但知進退的尺度有其必要。也不要因為和客戶聊得開心而耽誤客戶睡眠，或在客戶忙碌時，硬不下線讓客戶聽完你的說明。

如果事出緊急，必須晚上傳送通知，就必須抓緊在客戶尚未睡覺前事先告知，或是提醒對方關閉訊息聲，交待不必爬起來閱讀，等起床再看也沒關係。事先通知是一種禮貌，沒做到只會留下「不知進退」的莽夫印象。

4 可以一次傳完的訊息不要分句連發

這種習慣特別容易出現在年輕一代。明明可以一次發完的訊息，偏偏喜歡像寫詩般，一次發一句，連發八、九次才傳完訊息。前面說過線上經營必須將內容拆分、附加圖文說明。但這不是要將一個資訊段落拆分成一句一句分次傳送。

業務員必須思考，所有的操作究竟意義何在。一則訊息分句連發，以現代人的線上閱讀習慣，客戶永遠只看最後一句，那麼前面的連發就成了沒有意義的擾人行為。細心的業務員都知道不要隨便打擾客戶。

除非業務員和客戶在聊天，否則千萬不要分句連發。

5 訊息文字與個人情感不要差距太大

文字與口語存在著落差，業務員發出的訊息文字，最好恰如其分的表達內心的情感，不要把輕鬆的訊息寫得過於嚴肅，但也不可流於輕浮，讓客戶覺得不舒服。對於文字掌握沒有太大信心的業務員，在無法判別客戶讀完訊息的反應情緒之前，遣辭用句時，可以用語助詞或標點符號，呈現出自己的「表情」及「心情」來。例如：「好喔。」「天啊……怎麼這麼誇張啦！！！」這樣的文字看起來，在不見彼此的情形下，也不致誤判業務員的情緒。

有業務員習慣寫「看完以後有什麼意見你再跟我講」。最後這個「講」字，看起來有命令的感覺，通常我會寫成「再跟我說喔」。也許客戶沒受過訓練不懂恰如其分的表達文字，但業務員一定要懂。

6 不要讓客戶當聊天終結者

聊天終結者永遠是業務員。這是我個人的習慣，在每一次與客戶線上溝通或聊天，哪怕我與客戶認識多年，雙方非常熟稔，在我回答完客戶提出的問題，客戶回應「謝謝」後，我也會接著回「感謝」來結束這次溝通。

如果客戶接著道「拜拜」，我也一定接著回「拜拜」。不論什麼狀況，溝通最後的結尾一定要由業務方來執行。就算調皮的客戶再傳一張貼圖，我也一定會回傳一張貼圖。

這麼執著有其原因。你可以檢視自己每次與客戶互動的訊息，查看那些當客戶說了「謝謝」但你卻沒有回應的交流，現在看來是不是有點失禮？

增加效率的工作小幫手

線上經營有許多眉眉角角，天生細心的業務員會從己身的經驗，學到更為細膩的操作，比較粗線條的業務員，一不小心容易淪為踩雷王。以下再提供三點建議，讓業務員在線上經營更得心應手。

1 善用社群軟體的記事本功能儲存資訊

社群軟體的一大好處是，凡走過必留下痕跡。傳統透過電話溝通，當客戶心思不在電話上，或時間久遠記憶變得模糊，回頭一句：「沒有，你沒告訴我。」業務員只能苦水往肚裡吞。

曾經有一位客戶急忙跑來質問我：「我怎麼可能簽一年繳十萬美元保費的保單，這麼多錢，不可能！」於是我立刻翻閱Line的記事本，然後跟客戶報告：「你三年前有一張保單到期了，滿期金有約九百萬元台幣。我請您去刷存摺，確認那筆款項已於九月中旬入帳，我們後來討論利用這筆錢購買每年繳三百萬、三年共繳九百萬的壽險，可以額外增加二千萬的壽險保障。」

看了記事本記下的訊息，又聽我解釋了來龍去脈，客戶終於說：「喔，我想起來了，好像有這回事。」不管是互動、告知還是做服務，重要的訊息都要馬上存下來。像我每天必須跟那麼多人溝通互動，突然插進一位客戶來問我保單何時到期的問題，也會一時腦袋轉不過來。但是Line的記事本是個好幫手，馬上查就知道。

2 善用聊天室的貼圖

我們期望業務員擁有穿透力強的文字表達，但不是每個人都可以做到。當業務員對自己文字表達缺乏信心時，貼圖就可以派上用場。我在手機裡收集了大量的貼圖，常用的「感謝」「收到」「ＯＫ」「愛心」「祝福」「道賀」，這些都是表達情感的好工具。只要看來正向、肯定與可愛有趣，都是業務員線上經營必備良品。

貼圖的選擇上，盡量選擇與自己人設相符的角色，我會選擇可愛畫風的動物，而不是兇猛的老虎。單純文字貼圖也是不錯的選擇，有時真的不知道該回什麼，可選擇無意義但可愛的圖案來回傳。

不過下載免費貼圖時要謹慎，有時廠商品牌太明顯也不好，盡量避免。傳送「啾咪」「愛你喲」這類貼圖時，先考量對方的性別與年紀，以免引起不必要的誤會。回給長輩客戶的貼圖，不要太過誇張或充滿惡趣味。

總而言之，「合適度」是選擇貼圖的準則，找到符合自己給人感覺，對方接收也不會感到你很失禮的貼圖，讓線上互動更加分。

3 做一名「以客為尊」的業務員

我的「以客為尊」跟傳統成語解釋不同，是指業務員需要「以客戶的期待為出發點，和客戶調整到同一個頻率上」。我在第三章與客戶互動的章節，講到同步與同頻很重要。這裡延伸到你對待客戶的態度。客戶當你是家人，你就以家人方式來對待。客戶當你是工作夥伴，你就要表現得像一位稱職的工作夥伴。像我常遇到客戶親切稱呼我阿妹仔（台語），代表他們把我當成家人小輩看待，遇到這種情況我會尊稱對方大姊或大伯，然後盡量使用他們的語言溝通。

很多業務員拿捏不準客戶的期待，總是傳不討客戶喜歡的訊息。就拿早安圖來說，業務員不要先入為主認為長輩都喜歡長輩圖。我組織裡的某位業務員就因每天早上傳長輩圖給一位客戶，某天收到客戶回應：「你可以不要再傳這些給我嗎？」回應如此直白，表示客戶肯定受不了才發聲拒絕。

業務員也不要因此畏手畏腳，凡事都可以先嘗試。例如，剛開始經營某位長輩時，業務員可以試著傳幾天早安圖，如果客戶有回應或也跟著回傳長輩圖，表示對方可以接受。如果客戶沒有回應，表示不喜歡，那就不要再做，再做就錯了。

有些例行性的互動很看個人喜好，做與不做都須謹慎，千萬不要把例行事物當做商品訊息或年節祝賀來海撒。客人不會因為業務員一、二次犯錯而討厭你，卻會因一再白目而遠離你。

結語：不分行業都需要全通路銷售能力

本書結尾，我想跟各行各業的業務員與主管們分享，新時代的業務員為什麼需要具備全通路的銷售力。

成立通訊處後，我的工作包含協助輔導八〇%的非典型業務員完成業務工作。前面說過，典型業務員如同天生的業務奇才，有生意頭腦之外，還具備超強親和力、一流口才、目標感、企圖心等特質。只不過從「生意仔難生」這句台語諺語可知，絕對大數的業務員都是非典型業務員。

非典型業務員需要後天培訓。以往培訓課程大多著重在實體經營、面對面溝通、成交話術等技能，但現今面對數位科技蓬勃發展、線上銷售管道多元，業務員不可避免必須走上全通路的銷售模式，而線上銷售正是之前傳統銷售模式中沒有教的部分。

有差異的行業，無差異的銷售技巧

長久以來我都認為，保險銷售與其他行業銷售本質上很不同，但在二〇二一年疫情升三級期間，我收到台灣珠寶第一品牌業者邀約，原來該品牌老闆聽完我在《商業周刊》舉辦的「商周百大顧問團」直播講課後，覺得保險的線上經營方式也很適合門市銷售，所以特別邀請我去授課。除此之外，傳產製造、新興電銷美容業者不時詢問我關於業務員活動與計分表的細節，這些迴響讓我相當驚訝，了解各行業在商品銷售上其實殊途同歸。

比對各行業的銷售過程，離不了名單、經營、成交、再購的流程。以珠寶鑽石實體精品為例，撇開保險屬於無形商品不談，二者銷售上有極大共通點：①都需要洞悉人心；②屬於沒有急迫性（由於沒有法律規定，珠寶甚至不買也沒關係）；③業務員都是公司與客戶之間的橋樑。

在回應客戶需求與服務上，由於珠寶單價高，客戶不會輕易做出決定，這與保險業務員遇到的問題一樣，所以在跟客戶互動中必須積極蒐集資訊與需求，一再試探客人的喜好。甚至在互動中分級客戶種類，藉由維繫客戶關係推進下一次的購買或轉介紹客人。

將維繫顧客轉到線上經營，也能利用線上工具來維持業務「活動量」。前面提過，活動量包含收集客戶名單、憑藉互動區分客戶等級、定時定量聯絡、蒐集客戶資料、升溫新客戶、保溫老客戶。

品牌端可以利用公司官網或粉專，以「空戰」形式大量、不間斷發布新品或活動，想提高觸及率也可以在粉專提問吸引更多回答；業務端則啟動「地面戰」，將訊息定時定量傳遞給潛在在客戶，形成一個地空包圍的銷售網。

至於客戶買不買單，就得看業務員平時對客戶的了解與互動。特別是線上經營的業務員，必須有動力及能力做到「三心」級的服務。銷售工作做愈久，愈明白業務與客戶之間並非只是買賣關係，良好的互動可以讓陌生客戶變成常客，常客變鐵粉，產生類似朋友般的情感。

看完上面的案例，我相信很多人一定也有同樣的想法，各行業的銷售技巧其實大同小異，而且都需要加緊腳步彌補線上經營的不足。不過我也遇過例外的情況。

很多老闆認為，一位業務員離開公司，新接手的業務員很難交接早已培養出的情感，因此客戶非常容易隨業務員轉戰四方，就算再強的超級業務高手，也很難介入搶單。因此公司並不希望業務與客戶太過親密。

我有一位在美容商品業掌管電話銷售的高階主管，他們公司擁有許多頂級客戶，一通電話可創造三萬至二十萬元業績。公司就規定電銷業務員上班時，一律收起自己的手機，使用公司電話聯絡客戶，與客戶線上互動也只能使用公司的手機。

聽完後我跟他說，這種做法讓業務員只能上班時間服務客戶，萬一頂級客戶下班時間臨時有緊急需求，或寄來的商品有任何疑問，不就線上、線下都找不到人幫忙。當客戶想找業務員卻找不到、業務員無法馬上回應，原本維持六〇℃的成交溫度，一瞬間就掉到三〇℃。

經由分析，這位業者客戶開始考慮，是否應該刪除一些限制，特別在服務頂級客戶上。以長遠經營全通路的角度來看，放寬限制是早晚的事。至於業者對於業務員做大後的不安全感該如何避免，不妨從業務活動量去做管理。

利用業務活動量來管理業務員

關於計分方式、活動量細項，各行業可以參考上一節的內容來調整。以電銷業務員來說，業者可以設立計分卡的計分方式，將明確的動作與步驟列為計分指標，達到多少分數的業務員，可取得開放服務權限做為獎勵。

例如，業者如果希望客戶再回購，那麼業務員從通話紀錄上撈取舊客戶電話，主動致電關心便可得分。做陌生開發時，與客人聊天達一分鐘以上可得分，通話時間愈久分數愈高。如果客人有意願聽業務員介紹商品，或主動索取商品DM，又可得分，成功下單設定得到最高分。以此為依據，不但能夠讓主管加強提升主要項目業務的業績，還能讓業務員在每一次與客戶的互動中，慢慢摸索出業務的竅門，同時加強了自信。

曾有傳產業老闆拿疫情時我規畫的業務活動量表，問我可不可以套用在他們的業務員身上。因為商品屬性的關係，他們的業務工作大多是服務老客戶，光讓客戶持續回購就能達成公司九成業績目標。所以在開發新客戶上，業務員一直處於要做不做的消極狀態。老闆管理業務員很苦惱，看業績給薪水很容易，但評量客戶滿意度時，卻讓他難以分辨業務員在服務客戶時是否上心。

我給他的建議是，如果貴公司取得新客戶很困難，那在業務員成功爭取到新客戶時，就應該給他很高的計分標準，例如三到五分。至於評量服務客戶態度上，可以設定收到客戶來信並在十二個小時內回覆者可得一分。然後依據客人有沒有回信感謝業務員為他們解決難題，評量客戶滿意度，有收到客戶回信者可得到三分。

計分表可依產業別設計，哪一些項目對公司來說最重要，那些指標分數就給高分。例如，保險業取得客人名單不見得都能成交，所以取得名單的含金量不高。但傳統產業開發新客戶困難度高，所以可以增加「業務員與客戶成功交換名片可得一分、報價可得二分、取得訂單得五分」等業務活動項目。

管理業務員績效的時候，先根據業務工作中重要的項目訂出分數，制定每週該達到的門檻分數，之後主管只要查看業務計分表上的得分，就可以得知業務員的工作狀況。至於計分表會不會影響考績、是否連結到每月獎勵，可由老闆自行決定。

不管商業環境如何變遷，業務員的工作永遠是「抓住客戶的心」。在全通路時代，業務員多了線上工具來深耕客戶，以主動取代被動進入客戶生活中的方方面面。因此，有效結合線上與線下工作是業務員必備的銷售技能，也是各行業管理者應該積極導入組織的活動。有鑒於此，我將多年來親身實踐、輔導業務員所汲取的務實技巧與心法，總結成這本書，期望讀者對全通路銷售多所啟發。最後，感謝用功讀到最後的你，我保證只要願意嘗試，我們都能離超級業務員更進一步！

遠距成交女王銷售勝經

打破框架、不停成交的線上線下實戰攻略

作者	黃明楓
撰寫	張子弘
商周集團執行長	郭奕伶
商業周刊出版部	
總監	林雲
責任編輯	潘玫均
封面設計	Javick工作室
內文排版	点泛視覺工作室
出版發行	城邦文化事業股份有限公司 商業周刊
地址	115020 台北市南港區昆陽街16號6樓 電話：(02)2505-6789　傳真：(02)2503-6399
讀者服務專線	(02)2510-8888
商周集團網站服務信箱	mailbox@bwnet.com.tw
劃撥帳號	50003033
戶名	英屬蓋曼群島商家庭傳媒股份有限公司城邦分公司
網站	www.businessweekly.com.tw
香港發行所	城邦（香港）出版集團有限公司 香港灣仔駱克道193 號東超商業中心1 樓 電話：(852) 2508-6231　傳真：(852) 2578-9337 E-mail：hkcite@biznetvigator.com
製版印刷	中原造像股份有限公司
總經銷	聯合發行股份有限公司
電話	(02) 2917-8022
初版1刷	2022年8月
初版13刷	2024年7月
定價	380元
ISBN	978-626-7099-63-6（平裝）
EISBN	9786267099650 (EPUB)／9786267099643 (PDF)

國家圖書館出版品預行編目(CIP)資料

遠距成交女王銷售勝經：打破框架、不停成交的線上線下實戰攻略/黃明楓 著-- 初版. -- 臺北市：城邦文化事業股份有限公司商業周刊, 2022.08

面； 公分

ISBN 978-626-7099-63-6(平裝)

1.CST: 銷售 2.CST: 行銷心理學 3.CST: 保險行銷

496.5 111009523